The New Architecture and the Bauhaus

Walter Gropius

三度艺术经典

新建筑与包豪斯

德国／瓦尔特·格罗皮乌斯——著
李纬文——译

三度
岭南美术出版社
中国·广州

图书在版编目（CIP）数据

新建筑与包豪斯／（德国）瓦尔特·格罗皮乌斯（著）；李纬文译 .—广州：岭南美术出版社，2021.12
（三度艺术经典）
ISBN 978-7-5362-7224-8

Ⅰ .①新… Ⅱ .①瓦… ②李… Ⅲ .①建筑设计
Ⅳ .① TU2

中国版本图书馆 CIP 数据核字（2021）第 038299 号

出 版 人　刘子如
责任编辑　李国正　黄敏
责任技编　许伟群

新建筑与包豪斯
XIN JIANZHU YU BAOHAOSI

出版、总发行　岭南美术出版社（网址：www.lnysw.net）
广州市文德北路 170 号 3 楼，邮编：510045
经销　全国新华书店
印刷　深圳市和谐印刷有限公司
版次　2021 年 12 月第 1 版
2021 年 12 月第 1 次印刷
开本　787 mm ╳ 1092 mm，1／32
字数　69.8 千字
印张　4.125
印数　1-4500 册
书号　ISBN 978-7-5362-7224-8

定价　58.00 元

出版顾问

王绍强
著名策展人、艺术家、广东美术馆馆长

王受之
美国艺术中心设计学院终身教授

靳埭强
著名设计师、艺术家

黄炳培（又一山人）
著名艺术家

仇　寅
方正字库设计总监
方正集团高级技术专家

谭智恒
香港知专设计学院首席讲师
暨传意设计研究中心总监

本书原版名为《新建筑与包豪斯》(*The New Architecture and the Bauhaus*)，由美国麻省理工学院出版社（The M.I.T. Press）于 1965 年出版。本书根据这个版本翻译而成。
本版本的译文版权由译者经广州三度图书有限公司授权广东岭南美术出版社有限公司出版发行。

序言 Introduction

法兰克·皮克

格罗皮乌斯博士请我给这部论著撰写一篇序言，尽管在我看来其实并无必要。这部论著是格罗皮乌斯发出的一声疾呼，他呼吁我们着眼于当代的建筑材料与工具，从这些已经演进为机器的工具出发，重新审视有关建筑的一切问题。这部论著要探寻过去的历史都用砖块与石头做了什么，而如今的时代又该用钢铁、混凝土与玻璃做些什么。格罗皮乌斯明确指出，只有通过这样的新思维，一种真实的建筑学才可能建立起来。让我觉得更有意义的是，这部论著进一步告诉我们，任何在建筑学上应用的技术，都将同时在其他设计领域得到应用，而这些设计领域实际上涵盖了我们日常生活的方方面面。

这样的一声疾呼来得恰逢其时，因为现在越来越多人正在热切地关注这些问题。我们这代人开始意识到，艺术并不是某种孤立而奇绝的事物，而是最广阔的生活图景的关键与本质，它将重塑社会的气质与规则。我们正处在一个间歇期，在间歇中期盼着某种艺术复兴，这种复兴的征兆每一年都在变得更多、更显著。我满怀希望地相信在我有生之年应该能享受到这场复兴的部分成果。格罗皮乌斯博士正是这场复兴运动的一位先驱。他在包豪斯学院的实践对这场复兴的实现做出了决定性的贡献。这个国家理应为自己的好运而庆幸，在这个变迁的时代得遇斯人，并获得了他的引导，甚至可以寻求并利用他的学识和能力，加快迎来那些必将到来的变革。这些变革绝不仅仅将在建筑领域发生，也将在更为广泛的建筑教育乃至艺术教育中发生。

格罗皮乌斯博士正确地指出，“新建筑”始于质朴与正规，并寻求规范和标准。这是一场反制，它针对的是沉迷于复制与改良那些对现代建筑而言早已失去意义的风格的做法。现在这场反制已经快要平息，新建筑正在从“破”的阶段过渡到“立”的阶段：因为仅仅是脚踏那些被遗忘与抛弃的事物还不够，更要通过构想与创造来表达自身。属于建筑师个人的畅想与愿景正在越来越深入地接管新建筑的技术资源，包括它的空间协调与功能品质，并以此作为基础——或者不如说作为框架——来实现一种全新的美，它将为这场备受期望的艺术复兴点上高光。如果建筑师们在上半场的反制中过多地偏向了工程师的角色，那么在下半场的回潮中，他们又将重新寻回艺术家的角色。这种潮汐般往复的运动中蕴藏着进步的源流。创造的精神永远都在重生。时代的潮流就在这浪涌的进退中永不停歇地高涨起来，而这正是整个过程的意义。

现在请允许我从对应房屋的建筑学出发，去设想一下，或许存在着某种对应万物的艺术或科学，或者两者的统一。如果要得体地设计并制造物品，赋予其美学属性，那么在专业的技术或工艺学校之外，还需建构具有统领地位的教育体系与理念，它的作用之于物品，就如同新建筑理论的作用之于房屋一般。我相信格罗皮乌斯博士已经在这部论著中就这一主题阐发了若干经验与建议。这部论著对当下这一时期来说尤为重要。我曾经一度认为，建筑师们或许不该将他们的技能范围过于狭窄地限定在建筑上，尤其是当我看到他们大胆涉足家具、装饰与陶器等其他设计领域的时候。但现在我明白我错了。培养工业设计师这一与建筑师相比肩的角色也是必要的，他们理应获得与建筑师教育品质、地位与权威相当的技能训练，即使这种训练的目的与建筑师不同。格罗皮乌斯博士必将帮助我们定义这种训练，并探索它的方法，重启包豪斯的实验，一方面以建筑学为主体艺术形式，另一方面基于工业设计的普遍理念，发展出一种新的知识体系。

目录
Contents

PAGE

I 新建筑与包豪斯 The New Architecture and the Bauhaus

新建筑真正的性质与意义能通过语言传达吗？如果我试图回答这个问题，那么我只能对我自己的工作、思想与发现进行分析。所以，我希望简要地讲述我作为建筑师的履历，让读者自行领会新建筑思想的基本特征。

一切要从一场与过去的决裂说起。这场决裂让我们得以展望建筑的新面貌，一种与当代技术文明相符的面貌。那些失去生命力的风格的形态学已被摧毁，我们正在重新学会诚实地面对自己的思考和感受。曾经对建筑的一切都漠不关心的普罗大众，已然从麻木中惊醒；与我们所有人的日常生活都息息相关的建筑，唤起了个体广泛的兴趣；它广阔的发展前景如今清晰可辨。公众已经普遍认识到，尽管新建筑的外形在感官意义上与旧建筑呈现出根本上的不同，但它绝不是一小撮建筑师不计成本地追求新奇时的突发奇想。事实上，它正是我们这个时代的智识、社会与技术条件下的必然产物。而在它涌现的背后，是持续了四分之一世纪的一场深入而卓有成效的斗争。

然而，新建筑在其发展最初就遭遇过严重的阻碍。当时那些相互争锋的理论，那些在建筑师们的个人宣言中被鼓噪的教条，都掩盖了最本质的问题；而战后（指第一次世界大战——译者注）经济的衰退又加剧了技术上的困难。最糟糕的是，所谓的"现代"建筑在一些国家成为一种时尚，随之而来的形式化模仿与附庸风雅扭曲了这场复兴最重要的基础——真实与简约。

这就是这场运动需要从内而外的清理，把它的初衷从物质主义与那些源于剽窃和误导的口号中解救出来的原因。像"功能主义"（新即物主义）和"符合目的即是美（fitness for purpose = beauty）"这样的宣传词造成了对新建筑的概念理解的扭曲，使其流于表面或者走向片面。这种现象最终体现为对新建筑理念创立者的真正意图的普遍忽视，进而刺激了那些肤浅的想法，人们没有认识到，新建筑是联结不同思想的一座桥梁，而不是某种单一而孤立的设计场域。

例如，许多人认为"理性化（rationalization）"是新建筑的核心原则，但其实它只是新建筑理念的一种净化机制。将建筑从对雕饰的沉溺中解放出来，强调其结构功能，专注于简洁而经济的解决方案，这些仅仅代表了新建筑实用价值的基础，即物质层面的形式化。而形式化的另一层面，即人类在精神上的美学追求，实际上与物质层面同等重要。这两个层面在生命这个统一体中相互对应。比新建筑的结构简洁与功能明确更重要的，是它在人类智识上的成就：它让一种新的空间观念成为可能。这就好比，相较于"房屋（building）"仅仅是一种关乎技术与材料的概念，建筑（architecture）则蕴含了对空间的掌握。

19 世纪，人类非常专注于从人工到机器生产的转变，以至于来不及去处理这种前所未有的变革所产生的设计问题。人们满足于在风格上直接借鉴各种古代建筑，并在装饰上沿用历史原型。

但这种情况终究成了过去。一种基于现实条件的新建筑观念出现了，并随之带来一种新的空间概念。这些观念的转变，伴随着我们所掌握的优质技术资源，最终表现为大量形态各异的新建筑作品的出现。

想想吧，在这段建筑复兴的决定性时期，现代技术做出了多少贡献！它的发展又是多么迅猛！

新的技术手段促使坚固的砌体结构走向瓦解，取而代之的是纤细的立柱，以及在体积、空间、重量和运输上的大幅度节省。新的合成物质——钢铁、混凝土和玻璃，正在快速地取代传统而原始的建材。这些新材料拥有优良的强度与分子密度，使人们可以轻松建造大跨度而几近通透的结构，这显然是过去的工艺所不能做到的。这种在结构体积上的巨大节省本身就是一场建筑革命。

新的建造技术带来的另一项杰出成就是，墙体不再是一种割裂性因素。人们不再把墙体当作承重结构，就像砖砌房屋那样，取而代之的是节省空间的新型构造，将整个结构载荷转化为一组钢筋或混凝土框架。这样一来，墙体的作用就被局限在框架结构的立柱间，作为隔绝雨水、寒冷和噪音的屏障。为了更进一步降低重量和体积，这些不再承重，甚至现在也不再起分隔作用的墙体用轻质浮石混凝土、焦渣或者其他质量可靠的合成材质制作而成，打造为空心砖或者薄墙板。钢铁与混凝土的制作技术被系统地优化，抗拉抗压强度的计算也变得越来越精确，这些都正稳步缩小承重结构在建筑中所占据的面积；反过来，我们自然还可以进一步更大胆地（更大面积地）贯通墙体，从而让房间的采光变得更好。这一现象也伴随一种合乎逻辑的结果：老式窗户——通过打穿一堵厚重的承重墙来开凿的窗户——将逐步让位给由纤细的钢制棂条分割的、横向连续的开窗，这也是新建筑的特征。这直接导致了建筑中空间的优势渐渐超过了实体墙面，玻璃愈发呈现出一种结构上的重要性。它那晶莹的无实体感，如空气般悬浮于墙与墙之间的轻盈，给人们的现代居室增添了一个愉悦的音符。

同样，平顶结构也在取代老式的瓦石覆盖的坡顶阁楼。它的优势非常显著：（1）实现明亮的、与其他楼层形态无二的顶层房间，取代屋顶窗和倾斜的天花板之下昏暗狭小的阁楼，以及几乎无法利用的角落；（2）避免使用经常引起火灾的椽木；（3）赋予屋顶转变为具有实用功能的场所的可能性，比如日光浴露台、露天健身馆或是儿童游乐场；（4）为后续增建工程提供更简约的结构基础，无论是新建平层还是翼楼；（5）消除可能受到风力和天气状况影响的多余建筑表面，由此减少修缮需求；（6）隐藏悬置的檐口天沟和外挂的雨水管道等极易朽坏的结构。随着航空运输业的发展，建筑师们将不得不像重视房屋的立面设计一样去重视它的鸟瞰效果。而将平顶构造为一层新的“地面”，将给我们提供一种手段，为如荒漠般充满硬质建材的大城市植入自然环境；那些因为建造房屋而被占用的土地又可以在空中被重新还给大自然。届时，从空中俯瞰未来的城市，那些满是绿植的屋顶将仿佛一望无垠的空中花园网络。不过与此相比，平顶结构的首要优势，还在于它让一种更为自由的室内设计成为可能。

图版一 Plate 1

法古斯鞋楦工厂

地址 | 德国下萨克森州莱茵河畔的阿尔费尔德
建筑师 | 瓦尔特·格罗皮乌斯、阿道夫·迈耶
时间 | 1911 年

1 |
法古斯鞋楦工厂入口立面

2 |
法古斯鞋楦工厂玻璃外墙

BENSCHEIDT

3 |
法古斯鞋楦工厂烟囱

图版二 Plate 2

德意志制造联盟展览馆

地址 | 德国科隆
建筑师 | 瓦尔特·格罗皮乌斯、阿道夫·迈耶
时间 | 1914 年

4 |
德意志制造联盟展览馆及行政楼（透视图）

5 |
德意志制造联盟展览馆前门

6 |
德意志制造联盟展览馆后视图

7 |
德意志制造联盟展览馆侧面视角

8 |
德意志制造联盟展览馆行政办公楼
入口立面

标准化
Standardization

国家总体经济的基本动力，在于通过优化其生产组织形式，以最小的成本和付出来满足社会群体的需求。这样的现实将我们引向了机械化、社会劳动分工与理性化：这似乎是工业演化的必然过程，它给包括建筑业在内的所有有组织的生产活动都造成了同样的冲击。如果机械化本身构成某种内在目的，那这必然是一场彻头彻尾的灾难：无论男女都被迫沦为次人类（subhuman）的存在、机器一般的行尸走肉，生活的丰富与多彩将因此遭到剥夺（在这里，我们已触及一种深层次的因果关系，即旧的手工业文明对机器所建立的新世界秩序的顽固抵抗）。然而，机械化作为人类手中的王牌，其唯一的目的应该是，使人类个体脱离以获得生存必需品为目的的艰辛劳作，让他的手和脑得以被解放出来，以从事一些更高层次的活动。

我们这个时代掀起了一场工业理性化运动，它的基础是手工生产与机器生产之间的一种特殊的合作关系，即我们所说的“标准化”。这种标准化已经在建筑领域引起了直接的反响，它在房屋建造中的系统应用毫无疑问地对经济产生了巨大影响——这种影响是如此巨大，以至于目前还无法估量。

标准化绝不是文明发展道路上的阻碍，恰恰相反，它是文明发展迫切需要的先决条件之一。一项标准可以被定义为任何日常用物简化了的、具有实用性的范例，这个范例体现了对物品各种优秀形态的融合。为实现这种融合，我们首先必须消弭不同设计者的个人因素，以及其他所有非共性、非本质的特征。这种去人格化的标准可以被称作“规范（norm）”，其词源来自木匠的直角尺。

有的人对此产生担忧，认为人类个性会在日益横行的标准化“暴政”下被彻底碾碎。这种担忧实在是一种经不起一丁点检验的谬谈。在人类历史的所有伟大时代，标准的存在——也就是对一系列典范的有意识的应用——是衡量一个社会具有良好教养和秩序的依据。这是由于，本着同一个目的重复进行同一个操作会对人的心智产生安定与教化的作用，这是一项普遍规律。

住房是一种典型的群聚式机体（group-organism）。它作为最基本的细胞单元，构成街道这一更大的单元。这些住宅细胞单元所构成的匀质结构随着街道增长，最终又构成了被我们称为城市的更为巨大的单元。住宅细胞单元在尺度上的多样性促使必要的微小变量产生，这些变量又自然而然地使得相邻而生、不同类型的单元之间产生天然竞争。历史上那些最被欣赏的城市对此提供了令人信服的证据：对若干“典型（typical）”（即有代表性的）建筑的复制显著增强了市民的尊严和凝聚力。作为比同时期任何个体作品都更成熟、完成度更高的典范，一项被接纳的标准必然构成一个时期的基本特征。

建筑各要素的规范化将有助于赋予我们的城市这种同质属性，而这正是一种高级城市文化的显要标志。审慎地限制建筑的多样性，形成数个标准建筑类型，将起到提升质量、降低成本的作用，从而提升人们的整体社会层级。在这样的标准化中，对传统的尊重反而更能够激发真实的反响，这要远远优于到主观而孤僻的个体主义所提供的五花八门的解决方案中寻求共鸣，因为前者更具有公共效益，体现了一种更加深刻的建筑内涵。在建筑标准范式中追求建筑核心品质将需要前所未有的工业潜能，它的实现所需要的资本量级，将只可能依靠大批量生产方式来实现。

图版三 Plate 3

耶拿市立剧院（翻修）

地址 | 德国耶拿
建筑师 | 瓦尔特·格罗皮乌斯、阿道夫·迈耶
时间 | 1922 年

9 |
翻修中的耶拿市立剧院

10 |
翻修后的耶拿市立剧院

图版四 Plate 4

包豪斯学院室内设计及产品设计

地址 | 德国德绍

时间 | 1925—1926 年

11 |
格罗皮乌斯宅邸的双层书桌

12 |
格罗皮乌斯宅邸的餐厅

13

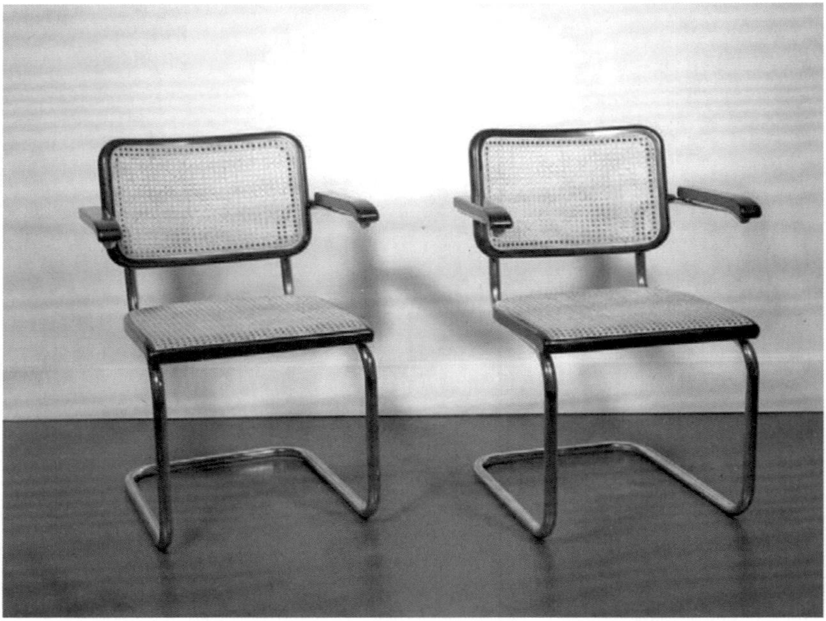

13 |
切斯卡椅子：首款不锈钢家具样品
（马塞尔·布劳耶，1928 年）

15 |
织物设计（奥蒂·伯格，1935—1936 年）

14 |
台灯：玻璃和镀铬金属件（卡尔·雅各布·贾克 & 威廉·瓦根费尔德，1923—1924 年）

理性化
Rationalization

尽管建筑业至今仍主要是手工行业，但它正在转型为一种有组织的工业生产。那些曾经要在脚手架上完成的施工，现在正越来越多地被转移到远离工地的工厂中进行。以往建筑施工固有的季节性所导致的雇主与雇工的往来奔波（整个社会其实都处在这种奔波中）正在逐渐消失。全年持续的建筑施工很快将成为常态而不是特例。

另外，经过改良，人造建材的精确性和均一性已经优于天然建材。现代建筑施工的过程正在愈发接近工业生产的流水线作业。人们正在走向一种技术上的成熟，届时，将建筑理性化，将其结构解析为一系列构件并在工厂中大规模生产将成为可能。这些构件将如同成套的积木玩具一样，在完全干燥的环境中被组装成各种标准形态，这也就意味着建筑施工从此将彻底摆脱天气的影响。这些结构坚固且防火的预制房屋可以直接由库房完整地被运送到位，它终将成为工业生产的主要产品之一。然而，在我们真正可以做到这一步之前，房屋的各个组成部分——横梁、墙板、窗户、门、楼体和其他配件——首先要经历一场标准化。

重复制作这些标准化构件，并在不同的建筑上应用相同的建材，也将使我们的城市面貌变得协调和沉静，就如同现代服装款式的一致性对社会生活所产生的影响一样，而这绝不会对建筑师的创作自由造成限制。即便每一座房屋、每一座公寓楼都将被明白无误地打上我们这个时代的烙印，仍然会有足够的空间留给作为个体的人去表达他的个性，就像我们身上的衣服一样。最终结果将会是最大限度的标准化与最大限度的多样性之间一种皆大欢喜的统合。1910 年以来，我在多篇文章和演讲中反复提倡预制式房屋，并且与一些实力雄厚的工业企业合作，在这一研究领域着手进行了若干实验。

其中，干式装配法（dry assembly）展现了最好的发展前景，因为（我们在此只举其一项优点）以各种形态存在的水分正是在砖石砌体施工（灰缝砂浆）中实现成本节约的首要障碍，也是老式建筑工法中造成大部分缺陷的直接原因。它不仅导致粗糙的砌缝、建材翘曲与锈蚀，还会导致计件成本难以预估，以及需要浪费更多时间和花销去等待灰浆干燥。而预制式房屋则免除了这一因素，它确保了所有建筑构件完美拼接，并使得精确的计件定价和工期安排成为可能。另外，应用质量可靠的现代建材也会增强房屋的稳定和保温、隔音属性，降低它的重量和体积。一座预制式房屋可以在工厂内装车，仅需几辆载重汽车就可以把它的墙体、楼板、屋顶和配件运送到工地，在极短的时间内装配起来，而无须考虑季节因素。

这种理性化的建筑工法所带来的巨大优势，就是更优越的经济性和更高的生活标准。许多今天被视作奢华的事物在未来的家居中都将是标准配置。

关于技术我们已经谈得够多了！——那新建筑的美学又如何呢?

新建筑就像掀开窗帘那样打开墙体，充分地引入新鲜空气、日照和阳光。它不再用笨重的地基将房屋沉重地锚定在大地中，而是把它们轻巧而又稳固地泊在地面上。它的形体由此伸展开来，没有风格上的效仿、庸俗的雕琢，而是采用简单、基于明确范式的设计，它的每个部分都自然地融入一个完备的整体中去。它所蕴含的美感就这样满足了人们在物质与心理两个层面上的需求。

空间上的协调、平和与均衡，满足这些条件足以让一个房间更具活力，也更具人性。因此，建筑学绝不应被局限在结构功能的满足这一个方面，除非我们将这些条件的实现看成某种超越建筑的、更高层次的理想。

我们已经看过太多对历史风格毫无原则的复制，是时候舍弃这种做法了。从飘忽不定的纯粹建筑幻梦进步到结构上的逻辑支配，我们学会了在清晰而简洁明确的建筑形态中，寻求对当代生活方式的具象表达。

在简要地审视了新建筑观念已经实现的成就，并大致勾勒出它在不远的将来将要经历的发展道路之后，我要讲讲我自己在新建筑开创初期所做的事。1908 年，我完成了基础职业训练之后，开始跟随彼得·贝伦斯（Peter Behrens）成为一名专业的建筑师。当时建筑与建筑教育的流行观念仍完全由崇尚古典“规制（Orders）”的学院派风格主义把持。最早启发我应用逻辑而系统化的方式处理建筑问题的是贝伦斯。我积极地参与了贝伦斯当时介入的一些重大项目，并频繁地与他和德意志制造联盟（Deutscher Werkbund）的其他杰出成员交流讨论。在这一过程中，我开始在观念上明确建筑的本质本该是如何。一个信念开始在我头脑中萦绕，即现代营造技术应该具备自己的建筑表达，而这种表达必然要应用前所未有的形式。贝伦斯的巧妙指导不断给我输送动力，我渐渐按捺不住日益增长的冲动，想要开始实践我自己的理念。1910 年，我创立了自己的独立事务所，并很快被委托与如今已故的阿道夫·迈耶（Adolf Meyer）合作，设计莱茵河畔阿尔费尔德的法古斯鞋楦工厂（图版一），又在 1914 年被委托设计德意志制造联盟展览馆（图版二）。这些设计都清晰展现了我此后作品的基本特征。

第一次世界大战让我明确意识到，我有责任完善我的个人思考。正是在战争期间，我的这些理论基础第一次变得清晰起来。战争持续了 4 年，它粗暴地打断了我和大部分建筑界同行的工作。当它终于过去之后，所有有识者都感受到一种智识上彻底转变的需求。所有人都渴望着能在自己的个人活动范围内尽一分力，弥合现实与理想之间的可怕鸿沟。就是在那时，我第一次意识到了我们这一代建筑师肩上的艰巨使命。我发现，一位建筑师要想实现他的理念，就必须对整个国家的工业产生足够的影响，创立一个全新的设计学派，并让这一学派获得权威地位。我还发现，要想实现这些目标，需要众多合作者与助手，这些人不是像交响乐团那样只会遵从指挥棒的机械性工作者，而是可以在紧密的合作中为了同一项事业而独立工作的伙伴。

图版五 Plate 5

包豪斯学院

地址 | 德国德绍
建筑师 | 瓦尔特·格罗皮乌斯
时间 | 1925 年

16 |
包豪斯学院教学楼

17 |
包豪斯学院学生公寓和工作室大楼

18 |
包豪斯学院工坊侧楼一角

图版六 Plate 6

包豪斯学院教师住宅

地址 | 德国德绍
建筑师 | 瓦尔特·格罗皮乌斯
时间 | 1925 年

19 |
格罗皮乌斯的教师住宅

20 |
马塞尔·布劳耶的半独立式住宅

II 包豪斯学院 The Bauhaus

各个设计领域的背后都隐含着一种本质上的统一，这是我最初创办包豪斯学院的指导思想。杰出的比利时建筑师亨利·范德韦尔德（Henri van de Velde）曾推荐我作为他的继任者，接任魏玛工艺美术学校（Grossherzogliche Kunstgewerbeschule）的校长。在战争期间，我因此受到萨克森－魏玛－艾泽纳赫大公传召，大公旨意要求我重组魏玛工艺美术学校，并于1919年春季赋予我在该校与魏玛艺术学院（Grossherzogliche Hochschule für Bildende Kunst）的全部管理职权。这让我得以实现一个更加宏大的计划，这个计划的首要目标是开发个人的天赋，使之认识到生命是一个完整自足的宇宙实体，以此确立整个学校的教育基础，而不是任意开设一两门“专业”课程。作为迈向这一计划的第一步，我把两所学校合并成了一所造型学院（Hochschule für Gestaltung），即设计学校，并命名其为魏玛国立包豪斯学院（Das Staatliche Bauhaus Weimar）。

在这一计划的实施过程中，我试图处理将创造性设计与技艺上的成熟相结合这一棘手问题。这需要找到同时精通这两个领域的合作者，而当时尚不存在这样的人物。为防止旧时代那种半吊子手艺人心态死灰复燃，我要求每一位学生（包括建筑专业学生）必须获得在当地贸易理事会正式登记的雇佣证书，以完成一个正规的学徒期。我坚持手工实践，不是以其作为目的本身，也不希望把这种教学转变为实际的手工生产活动，而是希望它能为学生提供一种从手到眼的全方位良好训练，作为他们掌握生产工序的第一步。

包豪斯的工作坊都是真正意义上的实验室，为各类现代产品创造崭新而实用的设计，并优化它们的款式，让它们更适合于大规模生产。要想创造出同时满足所有技术、美学和商业需求的范式，就需要最顶尖的人才。他们要有广博的通识，既熟练掌握设计工作中实操与机械的部分，又精通其理论和形式法则。尽管这些产品原型的大部分零部件都出自手工制作，但它们的制作者必须熟知工业化的生产与装配方法，这与传统手工业操作是截然不同的。正是源自其内在的特殊性，每种机器生产出来的产品都拥有自己的“原创印记”与“独特美感”。如果仅仅是通过机械对手工制品进行无意义的模仿，其产品无疑仍会带有临时用品的印记。包豪斯代表了一种思想，它相信造成工业与手工业之间差异的主要因素并不在于两者所应用的工具性质不同，而是在于前者蕴含了对劳动的分工，而后者则出自一个个体匠人一己之力的把控。手工业与工业可能被看作两种对立的生产方式，然而它们正在渐渐向对方靠拢。手工业的传统属性已经开始改变。未来，人们将发现，手工业将主要在为大规模生产开发实验性新范式的准备阶段找到自己的用武之地。

当然，天才的工匠永远不会过时。他们依然可以做出个性化的设计并为它们找到市场。但是，包豪斯所专注的是目前最为紧迫的工作：通过赋予机器生产的产品真实而有意义的内涵，来防止人类遭受机器的奴役，把我们的家园从某种机械而无序的状态中拯救出来。这意味着要开发专门为大规模生产而设计的产品。我们的目标是要消灭机器的所有缺点，而不牺牲掉它的任何一个实在优点。我们致力于建立一套卓越的标准，而不是制造一些转瞬即逝的新奇。

在包豪斯学院创立 4 周年的时候，它最主要的组织架构都已经完善地建立起来，我们的第一批成果已经在德国和其他国家获得了广泛的关注。正是此时，我决定正式阐明我的观点。我的这些观点已经在实践的过程中顺理成章获得了发展，但还没有迎来一次深刻的改变。

接下来的这几页内容来自我于 1923 年发表的文章——《国立包豪斯学院的理念与构成》(*Idee und Aufbau des Staatlichen Bauhauses*)。

建筑艺术的基础，是在一群积极协作的同事之间达成的团队运作。这种和谐的团队合作正是被我们称作社会的有机体的缩影。正因为如此，建筑与设计通常是一个国家最首要的关注点。当前有一种广泛传播的谬论，认为艺术仅仅是一种无用的奢侈。这是我们这个时代所继承的严重后遗症之一，它的起因是人们在上一个时代主观地把艺术的若干分支抬高成为“美术(Fine Arts)”，并由此剥夺了所有艺术分支的基本特征和共有的生命力。这种“为艺术而艺术(l'art pour l'art)”心态的典型表现，同时也是它所选取的媒介——就是所谓的“学院

（the Academy）”。这些学院阻止艺术家接触手工业和工业的知识，从而扼杀了艺术家的生命力，并造成他们与社会群体的彻底隔离。艺术不是一种可以被灌输给人的东西。一种设计构思，无论是出于娴熟技巧还是创想冲动，都取决于个人意向。尽管艺术无法被传授或习得，但关于其法则的详细知识以及技法总是可以教授的。无论是对于天才艺术家还是寻常匠人，这两方面都同等重要。

而现实情况是，学院培育出了一批注定要忍饥挨饿的“艺术无产阶级（artistic proletariat）”。这个迅速壮大的阶级被一种对天分的迷信所哄骗，他们被培养成建筑师、画家和雕塑家等“职业”，却没有经过必要的训练以获得一种独立的艺术自觉，使他们在社会上生存立足。他们所获得的技能只有停留在工作室水平的业余技能，对技术进步与商业需求这样的社会现实却一概不知。笼罩着这些学院派的弊病在于他们痴迷一种稀罕的“天生”俊杰（biological sport），崇尚居高临下的天才；他们忘了自己的职责是教成百上千天资平常的人画画，而这些人中只有千分之一能够成为真正的建筑师或者画家。在大部分情况下，这种毫无希望的一厢情愿式教育会让学生们一辈子陷入一种贫瘠的艺术实践中；而如果这些倒霉的寄生虫能够获得合适的实用训练，他们本可以变成对社会有用的人。

学院的崛起宣告了贯穿全民生活的自发性传统艺术在逐渐衰亡。剩下的只有彻底脱离日常生活的所谓“沙龙艺术”，它到 19 世纪中叶也已经退化为一种个人炫技。也正是在那时，一场反抗开始了。约翰·拉斯金（John Ruskin）和威廉·莫里斯（William Morris）力求找到一种办法，将艺术与生产这两个领域重新结合在一起。到 19 世纪末，他们主导的事业又被亨利·范德韦尔德、约瑟夫·奥尔布里希（Joseph Olbrich）、彼得·贝伦斯和欧洲大陆的其他艺术家所继承。这场运动随达姆施塔特艺术家村（Artists' Colony at Darmstadt）的建立而发起，在德意志制造联盟在慕尼黑成立时达到高峰，并促使一批工艺美术学校（Kunstgewerbeschulen）在德国的各大城市成立。这些学校的宗旨是为正在成长的一代艺术家提供手工业和工业技术的实用训练。然而彼时的学院式心态仍然牢固地占据着人心，导致这些"实用训练"往往只是浮于表面。"假题设计（projet）"和"构成设计（composition）"在这些学校的课程中仍然占据着核心地位。就这样，摆脱老旧而不现实的"为艺术而艺术"的最初尝试失败了，因为这种尝试没有在一个足够广阔的阵线上展开，也没有足够深入触及弊端的根源。

尽管如此，商业，尤其是工业，那时却已经开始憧憬与艺术家的合作。他们满怀真诚企盼，要用技术工人所无法实现的形体和雕琢的美感去辅佐效率。这也就意味着生产者要购买"艺术设计（artistic designs）"。然而这种设计稿上的援助后来最终变成了一纸空谈。一方面，因为那些所谓的艺术家，是一种"与世隔绝"的人，既不脚踏实地，又不熟悉技术的需求，根本无法将他的形式构想应用到生产流程之中。而另一方面，商人和技术工人又缺乏足够的远见，他们意识不到，要想获得他们期望的那种兼具形式、效率与经济的产品，就必须与负责的艺术家进行审慎的合作，并把这看作日常生产流程的一部分。但能够弥合两者之间这一鸿沟的设计师正是当时所缺少的。由此可见，下一阶段的艺术素质教育必须要在工厂环境中进行充分的基础训练，并与扎实的关于设计法则的理论教育相结合。

就这样，包豪斯应运而生了。它要建立一种现代化的艺术体系，它就像人类的天性那样包罗万象。在这一自主而联合的统一之下，各种“艺术”（以及它们的各种具体表现与倾向）、设计领域的各个分支、技术的各种形态，都将相互协调，并找到属于自己的位置。而我们的终极目标，是艺术的综合而不可分割的艺术作品。在这座宏伟的殿堂中，结构与装饰这两种元素自古以来的界限将会彻底消失。

人的创意质量取决于创作者各方面能力的适度均衡。仅仅去训练其中某一种能力是不够的，所有方面的能力都需要得到开发。这就是动手和动脑两方面的设计教育在包豪斯同时进行的原因。

实际的课程包括：

（1）实践教学（Practical Instruction）：对于石材、木材、金属、陶土、玻璃、颜料与纺织机的运用，辅以材料与工具应用课程，以及关于账务、成本核算与投标文件起草的基础训练。

（2）形式教学（Formal Instruction），涵盖下列主题：

a. 概论（Aspect）：自然学、材料学。

b. 表现（Representation）：平面几何学、工程学、制图术、模型制作。

c. 设计（Design）：体量研究、色彩研究、构成研究。

辅以关于所有艺术门类（包括古代与现代）与科学（包括基础生物学与社会学）的讲座。

全部课程包括三个阶段:

（1）预科教学（Preparatory Instruction），为期 6 个月，包括设计技法的基本训练以及在特设的初学者工坊中进行的各种材料试验。

（2）技术教学（Technical Instruction）（辅以关于设计技法的进阶教学），以强制性的工坊学徒期为形式。这一阶段持续 3 年，期满后，学生（如果技术合格）将获得当地商会或包豪斯校方颁发的熟练工证书。

（3）建筑教学（Structural Instruction），针对有发展前景的学生而开设，课程长度取决于学生的情况和才能。这一阶段的教学采取建筑工地实操与包豪斯研究部的理论教学交替进行的形式，以期拓展学生已接触的实践与理论。在建筑教学期满后，技术合格的学生将获得当地商会或包豪斯校方颁发的建筑师执照。

图版七 Plate 7

西门子施塔特大型住宅区

地址 | 德国柏林
建筑师 | 瓦尔特·格罗皮乌斯
时间 | 1929—1930 年

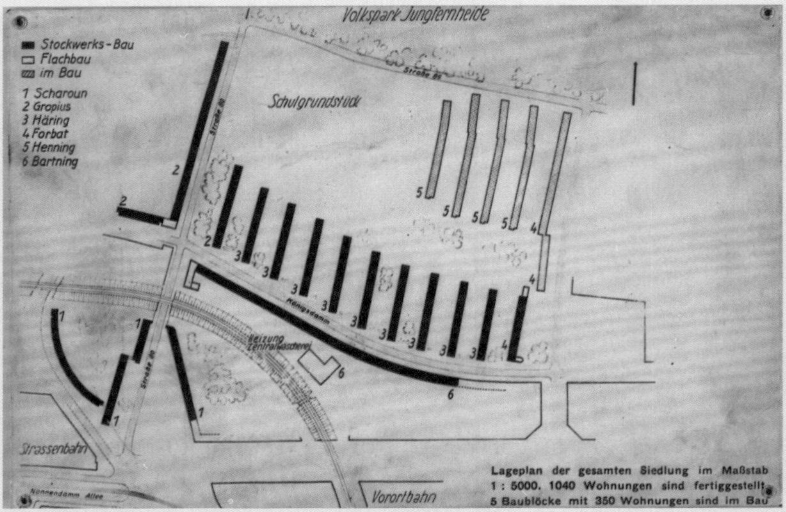

图例	建筑师	建筑师
地板构造	1. 汉斯·沙龙	4. 弗雷德·福贝特
低层建筑	2. 瓦尔特·格罗皮乌斯	5. 保罗·亨宁
兴建中	3. 雨果·哈林	6. 奥托·巴特宁

21 |
社区规划图，1:5000。共 5 个社区，350 套公寓。

22 |
一组 2.5 居室户型的公寓楼

23 |
西门子施塔特大型住宅区远景

24 | 西门子施塔特大型住宅区街景

25 |
西门子施塔特大型住宅区街景

KONSUM GENOSSENSCHAFT
BERLIN u. UMGEGEND E.G.M.B.H

预科教学
Preparatory Instruction

申请入学者将按要求提交作品样品，他们将以其作品中所表现出的禀赋为依据接受筛选。这种筛选方式当然也有失误的可能，因为目前没有已知的人体测量学[1]可以衡量一个人不断波动的发展潜力。

学生首先要开始学习 6 个月的预科课程。这些课程将以一种基础入门的形式涵盖包豪斯的全部理念。实践与形式两方面的教学将同步推进，以发展学生的创造力，使学生掌握材料的自然属性以及设计的基本法则。教学内容限定为观察与表现（其目的在于反复熟习形式和内容的理想特质），与任何所谓“风格”的结合都被有意避免。[2] 教学的第一项任务就是将学

---

1. 译者注——人体测量学（Anthropometry），一门以测量和观察的方法描述人类体质特征状况的人类学分支学科。
2. 这一课程的教学法由约翰·伊顿（Johannes Itten）于 1918 年首次在维也纳阐述，随后由他本人在包豪斯实践。我们的预科教学还得到了莫霍利 - 纳吉（Moholy-Nagy）教授和约瑟夫·阿尔伯斯（Josef Albers）教授的进一步发展［参看莫霍利 - 纳吉教授的《从材料到建筑》（*Von Material zu Architektur*），慕尼黑艾伯特·兰根出版社出版］。

生的个性从陈规旧俗的重压下解放出来，让学生领会到，个人经历与亲知是触及人类创造力极限仅有的方法。这也是集体合作在这一教学阶段尚不作为重点的原因。主观与客观的观察，具象与抽象设计的准则在这一阶段被交替传授。在这些方面，即便是因循常规教学法的教育也可以发挥十分突出的作用。

不同学生的表达能力可能有显著差异。预科教学的目的就是帮助我们准确评估学生的表达能力。学生在这一阶段的习作自然都会受到其指导教师的影响。但正是这些基本的自我表达，在经过系统性发挥之后，构成了所有“创造性”艺术的基础。预科教学的意义就在于此。一位学生能否被某个训练工坊接纳，就取决于他通过这些作品表现出的个人能力与品质。

实践教学与形式教学
Practical and Formal Instruction

实践教学最好的形式其实就是自愿跟随一位工匠大师做学徒这种传统方式，这样可以不沾染任何经院习气。然而曾经那些手艺和造型知识都出色的老手艺人如今已无处可寻，这使得人们不再可能重现那种自愿学徒制。我们能做的是代之以一种结合最优秀的匠人与最杰出的艺术家两方面教导的综合教学法，从而给学生同时带来实践与形式两方面的熏陶。这种双线教育可以为将来的一代人带来所有创造性工作形式的重新统一，并将他们培养成属于一种新文明的建造者。这就是在包豪斯，我们规定所有学生和学徒自始至终都必须由紧密合作的两位老师共同教授的原因，任何学生都不能缺席其中任何一位老师的课程。实践教学是我们为集体合作阶段安排的预备性训练中最重要的部分，也是我们抵制附庸风雅倾向最有力的手段。

我们相信，机器是一种现代的设计手段，要试着接纳它。但如果有人直接把有天分的学生托付到大工业生产的支配之下，不预先给予他们任何手工艺训练，就幻想着他们能够修复艺术家与产业界之间“失却的和谐”，那他一定是疯了。这种一厢情愿只可能导致学生们陷入狭隘的物质主义与对现代工业的片面认识。手工艺的价值在于，它将生产的整个流程集中在同一个人的手中，这能够更贴近地作用于他的心智，并因此更好地训练其实践技能。人们就算放弃了机器，也不会放弃劳动分工。如果说机器生产的普及已经在事实上摧毁了各个国家以往的基础生产单元，那么其原因既不在于机器本身，也不在于机器所必然造就的原理各异的生产流程，而在于主导我们这个时代的物质主义思维，以及个人与集体之间有缺陷而不切实的联系。包豪斯绝不是一所单纯的艺术与工艺学校，因为刻意复现那样一个学校就意味着一种倒退。现在和以前一样，人类始终在通过不断优化工具，一步步从体力劳动中挣脱出来，并增加休闲的时光。

实践教学的目的是让学生准备好从事标准化工作，从最简单的工具和方法开始，逐渐获得对更复杂的工具与方法的理解和使用技巧，最终上升为对机器的运用。但在这其中的任何一个阶段，他们都绝对不能失去贯穿生产这一有机过程的整体性思维，而这正是一位普通工厂工人所难免会缺失的。包豪斯有意识地在其各个工坊与若干相应的工业企业之间维持密切而互利的联系。[1] 在这一阶段的学习之后，学生将获得高层次的技

1. 通过与一些制造业公司签订协议，我们最熟练、最有前途的学徒，被送至那些与他们在包豪斯的工坊中所学习的工业设计分支产品种类相符的工厂进行短期实习。在这些工厂中，他们会学到最新的工业生产技术、制造工序、价格核算，探索优化既有产品模式、开发新模式的可能性。他们由此学到的专业知识将使他们在返校后得以被分配到学校的研究站。在研究站中，他们将在自己曾经的老师的指导下，根据他们实习过的公司的具体技术需求，开发新的产品范式。他们还将继续跟进这些产品范式的生产筹备，帮助这些公司按新产品的技术要求调整其机械设备。

术知识，并且学到难度很大的一课，即商业利益对于时间和设备最大化利用的要求，这是现代设计师必须直接考虑到的因素。这种对严格的工作条件的遵守是参与日常生产任务的工人们之间最牢固的联系纽带之一，它一瞬间便能驱散学院派教育的唯美主义迷雾。

在经过了 3 年的实践训练之后，学员必须亲手完成一个之前创作的产品设计，并获得由熟练技师组成的评审组的认可，方能获得熟练工证书。所有拥有这一证书的学生都可以进而参加包豪斯学徒工考核，这一考核所要求的娴熟标准远在熟练工证书的标准之上（尤其是对个人设计能力的要求）。

学生们的知识教育与他们的实践训练并行推进。这一阶段的学习不是随意而主观的设计概念，而是关于形体与色彩的基本规律，以及对这些元素的初步应用的客观指导。这将使他们获得必要的知识储备，为自己的设计本能赋予有形的形态。只有学会把握一项宏观设计的整体协调，并将自己的原创构想作为核心部分嵌入其中的人，才可以熟练地参与建筑领域的积极合作。所谓的“艺术家的自由”绝不是指无节制地运用五花八门的技法与媒介，而是指艺术家在这些技法与媒介所固有的界限之内进行自由设计的能力。就如同对位法是音乐的理论基础，即便到今天，它仍然是一个作曲家需要掌握的核心知识。然而如今，其他艺术都失去了它们曾经拥有过的理论基础，对位法是仅存的一例了。这种失却的理论基础正是设计师必须为他们自己寻回的东西。当然，理论也绝非艺术工作的现成公式，但它的确是集体设计工作中最重要的先决条件，因为理论代表了许多个世代积累的去人格化经验，它提供了一个坚实的基础，使一群由若干同事组成的团队得以培养一种高于个体艺术家的创造力统一性。为此，包豪斯必须协助人们准备好一片天地，等待一场潜在的重组将整个设计领域向这一前景推进——如果没有这场重组，包豪斯的终极目标将无法实现。

我们计划实现的协作设计不是一种单纯的知识与才能的集中。如果一座建筑被一个人设计出来，然后再由若干执行者将其建成，那么这充其量只能算是一种流于表面的统一。我们的理想是，团队中每一个合作者为他们共同的任务做出贡献，同时也实现了个人价值。在这种合作中，设计作品的形式必须保持整体统一。而要保持这种统一，唯一的方式是将主导全局的设计模数（motif）反复作用于作品的每个组成部分。而这就要求团队中每一位合作者都对总体设计以及其设计依据有清晰的领悟。

图版八 Plate 8

托尔滕住宅区

地址 | 德国德绍
建筑师 | 瓦尔特·格罗皮乌斯
时间 | 1926—1928 年

26 |
托尔滕住宅区 A 型单元立面

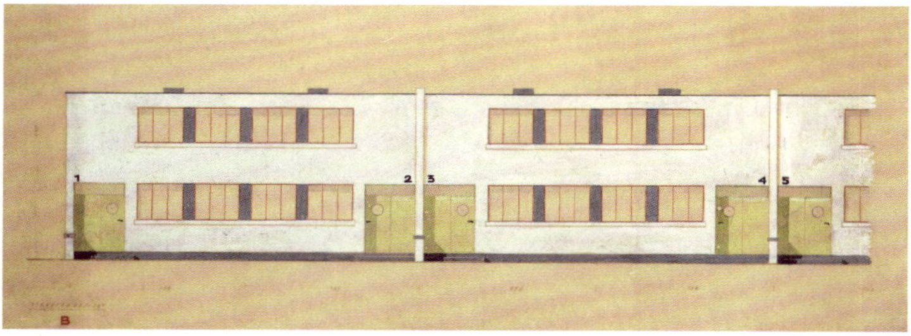

27 |
托尔滕住宅区 B 型单元立面

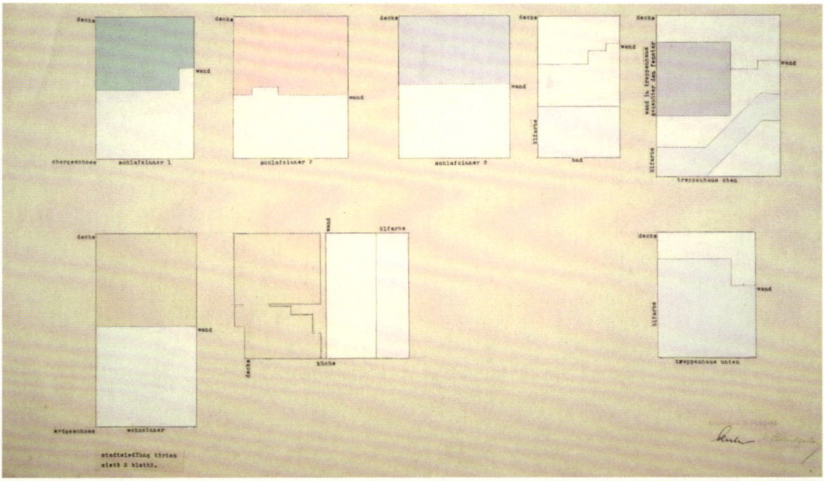

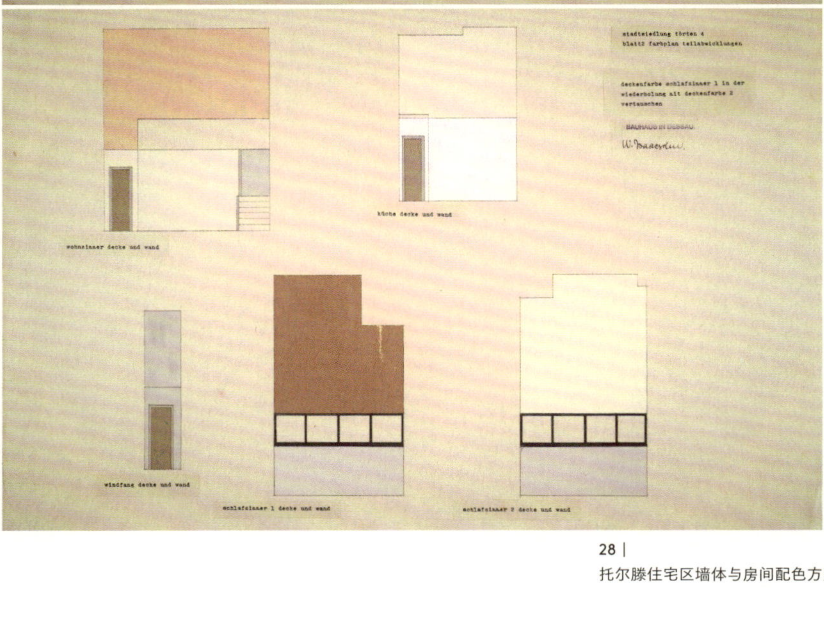

28 |
托尔滕住宅区墙体与房间配色方案

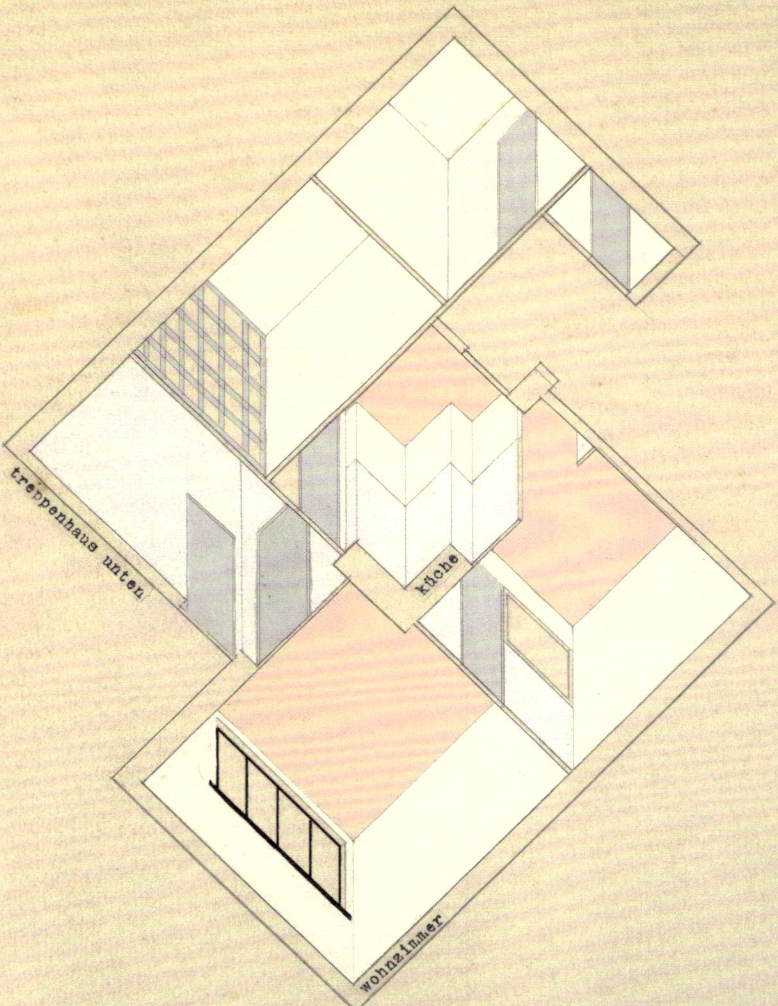

stadtsiedlung törten
sietö 2 farbplan blatt 1.

29 |
托尔滕住宅区室内配色方案

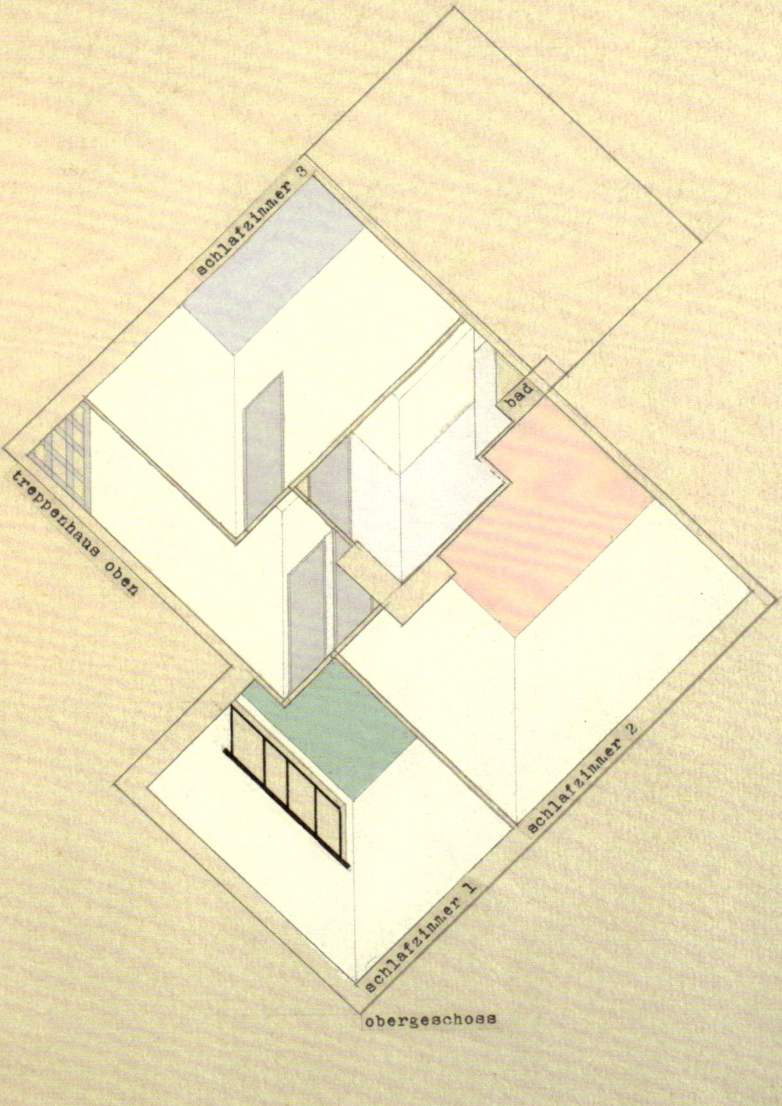
schlafzimmer 3
bad
treppenhaus oben
schlafzimmer 2
schlafzimmer 1
obergeschoss

Kuhr

30 |
托尔滕工人住宅区与合作社（近景）

31 |
托尔滕住宅区全景

图版九 Plate 9

市立劳务中心

地址 | 德国柏林
建筑师 | 瓦尔特·格罗皮乌斯
时间 | 1929 年

32 |
市立劳务中心平面设计图

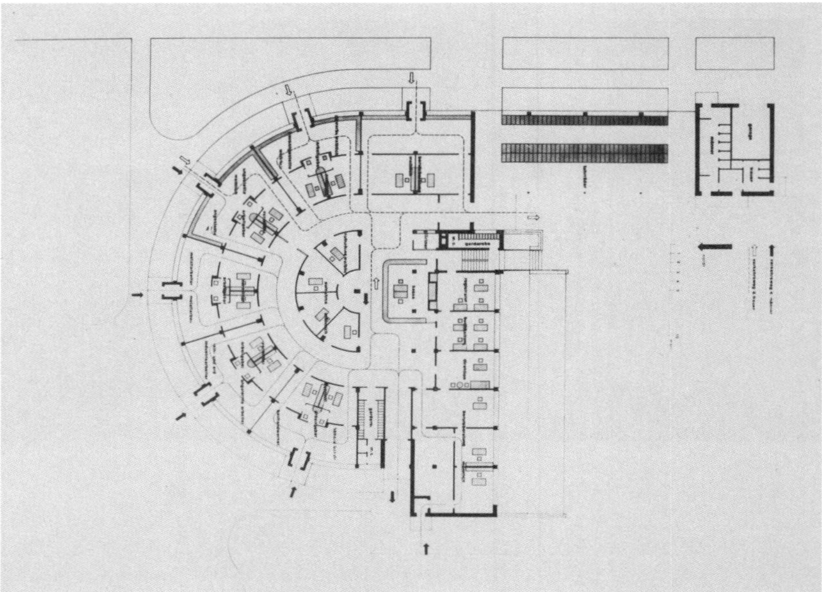

33 |
市立劳务中心入口

34 |
市立劳务中心内景

35 |
市立劳务中心施工期间影像（负片）

图版十 Plate 10

预制式铜板屋

地址 | 德国德绍
建筑师 | 瓦尔特·格罗皮乌斯
时间 | 1931—1932 年

36 |
预制式铜板屋设计图，1:20

37 |
一组完整的三室两厅房屋装载在一辆货运拖车上，准备运送至工地

38 |
干式装配墙板

39 |
组装完工的房屋

建筑教学
Structural Instruction

如我在上文中指出的，只有完全合格的学徒工才被认为足够成熟，可以参与建筑领域的积极合作。而只有他们中最为顶尖的那些人才可以进入我们的研究部及其附属的设计工作室。这些经过层层选拔的少数学员也可自由出入学校的各种工坊，了解他们专业以外的技术分支。为了日后参与合作，他们所接受的实践教学都在实际建筑工地的脚手架上进行。根据包豪斯所履行的外界项目合同所带来的各种实践机会，这些教学的具体性质也会各不相同。这项教学会让学员们学到在营造实践范畴中各项事务之间的相互关联，同时还能赚取一定的生活费用。由于我们的教学安排中并不包含工程学各专业领域的理论进修课程（例如钢结构和混凝土结构建造工艺、供暖设备、管线设备等），也不包含高等静力学、机械学与物理学课程，所以比较合理的安排是，让最优秀的建筑师学员们通过旁听各类技术学院的课程来补足所学，圆满完成学业。原则上，我们鼓励所有进展到最终阶段训练的学员到一家工厂去工作一段时间，以熟悉工业机械操作并获得商业经验。

对我们的学生而言，想要实现成果卓著的协作设计，其第一要点就是完全理解新建筑理念的要旨。

在过去两三个世代中，建筑风格已经退化为一种浮夸的唯美主义，并因为感性化而变得衰弱。此时的建筑艺术成为一种小心翼翼的遮掩，把结构事实掩盖在一堆混乱的装饰之下；建筑师们被学院派的条条框框所迷惑，与正在迅速推进的技术发展脱节，致使我们的城市规划错过了技术发展的指引。包豪斯明确抵制这种意义上的“建筑”。现代房屋的建筑内涵应该仅仅来自它自身的有机比例所蕴含的生命力。它必须忠实于自身，逻辑明晰，不受虚假与琐碎装饰的沾染，尊重并适应机械化和快捷交通主导下的当代世界。现代建筑手法中越来越大胆的采光设计已经消灭了由坚固的墙体与沉重的砌体基础所带来的迫人的体量感。随着这种体量感的消失，空洞无谓的传统轴对称强迫症正在让位于自由的非对称体块布局所带来的更为活泼的节奏平衡。

工业生产对空间和材料成本的严格控制催生了一批以此为原则设计的建筑结构。这种工业与建筑之间的紧密联系必将主导我们城市未来的规划。因此，对于所有希望成为营造者（builder）的人来说，他们的首要责任就是理解新建筑理念的重要意义，并领会新建筑特征的决定性要素：通过重复运用且仅仅运用数种基本形式以实现不失变化的简明结构，根据建筑以及其所临街道的性质来决定建筑的结构类型。

上述理念不仅是我们的建筑教学的范围，同时也是整个包豪斯教学的顶点。如果一位学生可以证明他已完整透彻地吸收了这一理念，并且技巧运用充分娴熟，那么他就可以获得主创建筑师（Master-Builder）证书。

总而言之，我们在教学实践中所倡议的是，一切形式的创造性活动有着共同的身份根基（common citizenship），并且在现代社会中拥有必然的相互依存关系。我们希望帮助形式艺术家们寻回过去那种将设计与制作一体看待的智慧；并让他们意识到，艺术创造的乐趣绝不仅仅止步于设计图纸。建筑营造将体力劳动者与脑力劳动者团结在共同的使命之下。为此，艺术家和匠人理应获得同等的训练。并且，由于实验工作与生产工作有着同等的实用性，这种训练应该涉猎足够广泛，给予每一种技能以平等的机会。由于人的各种才能难以在得到展示之前被识别，一个人必须学会在自身的成长过程中发现适合自己的创造领域。自然，这些人中的大部分会被地产行业与工业等领域吸纳，但总会有一小部分能力杰出的人，他们理应具有不受限制的远大抱负。只要这样的精英（élite）修完包豪斯的公共课程，他们就可以自由地专注于自己的个人创作；或在当代技术领域攻坚克难；或从事效益难以估量的思辨性研究，人类将从这样的研究中提前获得价值，就和证券商所说的“期货”是一个道理。而当所有这些领先于时代的人都经过了同样的工业生产历练之后，他们不仅将会懂得如何说服企业应用他们的优化建议与发明，还将懂得如何让机器为他们的理念服务。这样的人才必然会受到热切的追捧。

包豪斯感受到它肩上担有双重的教化责任：首先是让它的学生完全理解他们所生活的时代；然后是训练他们将天分和所学到的知识转化为实业，体现为一系列产品范式（type-forms），并以此直接表达出他们对这个时代的觉悟。

随着我们与主流观念的斗争向前推进，包豪斯得以从各个角度应对设计问题，达成一系列阶段性成果，并在这个过程中明确它自身的目标。我们的指导思想是，艺术设计既不是一种智力活动，也不是一种物质活动，而仅仅是生命中不可或缺的一部分。故此，这场美学革命让我们得以对设计的意义产生新的认识，正如工业领域的机械化为设计的实现提供了新的手段。我们的抱负是要将那些有创造力的艺术家们从他们不食人间烟火的状态中唤醒，并让他们重新融入平凡的现实世界；同时使商人们僵化的、几乎只有物质思维的思想得到拓宽，变得更人性化。正因为如此，我们所坚持的“所有与生活相关的设计领域在本质上是统一体”的教育理念，完全站在了所谓“为艺术而艺术”的反面，与其更具危害性的思想源头“事物本身即是其目的”更是截然对立。

这一事实解释了我们对于技术产品设计，以及其生产过程的各个系统环节的专注（当然这并非我们唯一的关注点）。这种关注曾经引起了外界的一种错误认识，以为包豪斯自诩是理性主义的典范。但实际上，我们更关注的是探索形式与技术的交叉领域，并厘清理论与技术的边界。日用机器的标准化不会带来人类个体的僵化（robotization），恰恰相反，它将把人从本不必要的生存重压下解脱出来，让他们在一个更高的层次上更自由地发展。日常生活中运行高效平稳的机械当然不是目的本身，但它至少是一个起点，让人们从此获得最大化的个人自由与独立。一种智力效益的至臻完善，要比物质效益花费更长时间，因为它需要更多的知识储备以及思想上的自律。但就在这里，在文明与文化相遇的焦点，一束光芒让我们看到，普通的商业产品——来自一颗大脑运作的普通产出，与真正的艺术作品——来自威廉·布莱克（William Blake）笔下“思想斗争”[1]（mental strife）的果实之间，存在着本质上的差距。艺术作品固然是一种技术产品，但它的使命则是实现一种智性的意图。能做到这一点的，只有激情与想象力。

包豪斯学说的实践客观性同时也解释了为什么尽管它的合作者形形色色，但所制作的作品却具有本质上的统一性。这一结果的产生，正是由于一种共有的智识观念得以发展，并取代了艺术与工艺运动（the Arts and Crafts Movement）时期传统的形式美学观念。

然而我们也得在另一个方向上坚持自己的美学理念，因为一些诋毁者试图搜罗所有看似被剥夺了装饰的建筑和物品作为他们想象中的“包豪斯风格”的例证；又有一些模仿者滥用我们的基本理念，让它们为一些肤浅、时髦的小玩意儿服务。这让我们不得不去与他们对抗。包豪斯的目标绝不是鼓吹任何一种“风格”、体系、教条、公式或者潮流，而仅仅在于对设计领域施加一点振兴的影响。我们的理念不建立在任何关于形态的先入为主的想法之上，而是在生命千变万化的形态背后寻求生命力的火花。包豪斯是世界上第一个敢于将这一原则体现在具体教学安排中的机构。为了推动其理想的实现，维持其集体精神的活力与警醒——只有在这种精神之下，想象力和现实才可以被融合——包豪斯不得不扛起领路人的责任。承认一种所

1. 译者注——出自威廉·布莱克的诗歌《耶路撒冷》：我的思想斗争将永不停歇／我的利剑也永不沉眠／直到我们建成耶路撒冷／在英伦这片鲜绿宜人的土地上。

谓的“包豪斯风格”将意味着承认失败，并且退回到那种完全停滞而了无生气的状态中，而这正是我曾经号召包豪斯与之抗争的东西。

1925 年，包豪斯搬迁到德绍。这一转移伴随着包豪斯教学组织方式的一次重大变化。原有的每个工作坊由一位设计教师与一位实操讲师共同领导的形式被取代，变为每个工作坊只有一位导师。实际上，这是因为，经过对第一届学生的教学，设计与实践这两个领域已经（如我们希望的那样）自然而然地融为一体了。被选派为新工作坊负责人的正是五名包豪斯毕业生。[1]

为了配合校址从魏玛迁入德绍，市议会委托我设计一组综合建筑群：一座新的包豪斯专用校址（图版四—图版六）、一座劳务中心（图版九）和一处住宅区（图版八）。为了这些设施的建造和设备安装，我让包豪斯全体教师和学生共同投身一场积极的合作之中。一方面，这场试图在真实的建筑工程中协调多个不同设计领域的严峻考验取得了圆满的成功，而且没有任何一个领域的工作独立性受到侵犯。另一方面，将学校变成

---

1. 即便是在包豪斯搬迁到德绍之后，它也只能依靠每年度由市政府发放的一点极为有限的经费来维持运作。如果计入教师薪金等款项（每位教师负责 24 名到 200 名学生不等），市政府的年度拨款约在 10 万国家马克（当时约合不到 5000 英镑）。除此之外，市政府还要缴纳利息以及因新校舍和设备的巨大开支所带来的年度费用，其总额约在 85 万国家马克（当时约合 42450 英镑）。来自校方颁发给各家企业的包豪斯设计量产许可（家具、地毯、织物、瓷器、电气照明配件等）所带来的权利金收入构成了学校的辅助性收入，并随着时间流逝而稳步增长。

我希望将学费限制在低水平，并为有天分而贫苦的学生们提供尽可能多的免费名额。这一意愿得到了市政府的官方支持。我还有权力为学生在校创作的任何适销作品而向他们付款，这一安排让很多学生在他们的三年学业期间获得了一定的（当然是极为有限的）生活费。

一处建筑工地的行动也影响了每个学生，让他们直接为工作负责，以此提升他们的精神境界，并成为其个人素养的一部分。我曾经梦想过的在同一个意志与目的感召下集结起来的团队不仅成为现实，还成为为外界社会所称道的典范。在接下来的一段时期，国内外不止一座艺术学院和技术学校采用了包豪斯的课程安排作为他们的教育模式。德国工业界开始大规模生产包豪斯设计的产品，并寻求与我们合作开发新的产品。许多包豪斯毕业生凭借他们所受的全方位训练在工业企业中谋得了重要职位；还有一些在外国教育机构中获得教职。可以说，包豪斯已经完全实现了它的教育目标。

1928 年，我感觉包豪斯的发展趋于稳定、未来前景可期，于是将学校事务移交给了我的继任者。我自己则回到柏林工作，以便将更多的精力投入住房的社会层面与结构层面的研究中。

作为国家经济性建筑与住宅协会（National Society for Research into Economic Building and Housing）的其中一位副主席，我得以亲自接触那些包豪斯最初所致力于解决的各种实际问题。该协会在一场重要竞赛的组织中发挥了关键作用，这一竞赛旨在征集柏林郊区一处大规模建设用地的规划和开发方案。在这一场竞赛（大部分德国建筑师都参与了此次竞标），以及在卡尔斯鲁厄举行的另一次规模相仿的竞赛中，我的设计方案都获得了一等奖。卡尔斯鲁厄市更任命我为达默斯托克住宅区（Siedlung）的首席建筑师。我还接受了其他一些住宅区规划的委托，其中最值得注意的是柏林西门子施塔特大型住宅区的项目（图版七）。然而在所有这些有趣的工作中，引起我最多关注的几个问题始终是：社区中最低收入人群的基本住房；中产阶级适用的拥有完备且经济的配置的独立单元；这些种类的住房所应该具有的合理的结构形态——高层建筑的一部分，还是中层公寓中的一套房间，或是小型的独栋房屋。而在所有这些问题之上，又隐隐浮现出城市作为有机规划整体所应采用的合理形态的问题。

建筑师扮演着协调员的角色，他们的工作是把与建筑有关的各种造型、技术、社会以及经济问题都统合起来。我的这一理念注定让我对功能的研究从房屋一步步走向街道，又从街道走向城市，并最终走向影响更为广泛的区域与国家规划中去。

我相信，相比目前的建筑概念，新建筑注定要影响一个更加包罗万象的领域。我们将从对新建筑的细节探究出发，去构想一个更广阔、更深刻的观念，视设计领域为一个宏伟的同源整体——它是一面镜子，映照出生命的不可分割、浩瀚无边与本质上的统一性，而设计便是生命本身不可或缺的一部分。对机器的驾驭、对新的空间审美模式的开发，以及为了寻找全新建筑形式的共同基本特征而进行的开创性工作，这些已经基本耗尽了我们这一代建筑师的创造力。进一步完成这些新形式的提炼，并让它们得到广泛应用，将是下一代建筑师的使命。

但我还是要回到城市规划（Town-Planning）问题上来，这是所有问题中最迫切、最让人困惑的一个。

人类移动方式的迅速增多，以及由此导致的对以往的时间距离衡量系数做出的调整，已经开始打破城市与乡村之间的边界。现代社会的男男女女需要生活方式的转换，这对他们来说既是休闲，也是激励。城镇居民对于乡村的怀恋、村民们对于城市的渴望，这些出于同一种根深蒂固而又逐渐增长的渴望，借此得以表达，并渴望被满足。技术的进步正在将城市文明植入乡村，而将大自然的气息重现于城市的中心。我们的城市急需更开阔的空间，尤其是更浓的绿化和更充沛的日照。这种需求必然导向一个结果，即通过提供相互配合的交通服务，将住宅区从工业区和商业区中分离出来。故此，现代城市规划师的目标应该是让城乡之间的关系变得愈加紧密。

对于普适于社会大众的理想住宅形式，目前的观点尚有很大分歧：是附带独立花园的独栋房屋，或是中层（2 至 5 层）的公寓街区，还是 8 至 12 层高的高楼?

实用性是城市居民选择住宅时考虑的决定性因素。至于什么才是实用的，则取决于居民的职业、收入水平与个人喜好。对于大多数人而言，独栋房屋自然是最受欢迎的，是一望无际的城市荒漠中的庇护所。它有更好的私密性、完整的业主体验，直接与花园相邻，这会让所有人都觉得很美好。尽管如此，我们这个时代需求的真正体现仍然是公寓。我们不应该局限于公寓的发展现状，从而仅仅把它当作一种无可避免的城市弊端；我们不应该让它的显著缺陷阻碍我们从全新的角度去考虑它在建设上的可能性。

高楼取代这些 3 至 5 层的公寓，这样的缺点就会消失。新式的高楼将满足阳光、空气充足、宁静与出入便捷等方面的一切要求；而且还可以提供许多独栋房屋不具备的优点。例如，独栋住宅中首层的窗户只会望向白墙，或者面向局促而阴暗的庭院，而公寓楼的房间则可以提供望向天空的通透视野。开阔的草坪和树木隔开不同的楼座，让孩子们在其中玩耍。一片绿洲就这样在城市街道的石质荒漠中被创造了出来。未来这些高楼的平顶上还能开辟出花园，到那时，人们对“公寓”这个令人不快的字眼的最后一点恐惧也会烟消云散。作为一座绿色城市的市民，这些公寓的住户将会发现，与大自然的接触不再仅限于某次周末出游，而是变成了一种日常享受。

至于在德语中被称为“Flachbau”的传统住宅形式——带有花园的独栋房屋有着诸多优点，但绝非一种万能的解决方案。如果“Flachbau”模式发展至它的极致，那将会以城市的解体而告终，因为独栋住宅本身即是城市的对立面。我们的目标是一种更为松散的城市格局，而不是让它趋于蔓延。水平延伸的住宅与垂直发展的住宅，即“独栋房屋 (Flachbau)”与“高层建筑（Hochbau）”，应该并行不悖地发展。我们应该将前者限制在城市低密度的外围郊区，而将后者限制在人口密集的市中心（市中心对于高层住宅的需求已经非常明确了），并体现为 8 至 12 层、配备社区便利服务的街区。而中层建筑（Mittelbau）既不具有小型房屋的优势，也不具有高层公寓的优势，放弃这一类型的住房，将是向正确方向迈进了一步。

国际现代建筑协会第三次会议通过了一项决议，主张所有国家都应抓紧时间对摩天公寓大楼展开社会与经济层面的考察，因为在此之前关于这类住宅的实际适宜性的资料极为不足。

匮乏的采光和空气、噪音和逼仄的空间……人们到底应该如何克服城市建筑的这些弊端？如果城市的用地规模需要尽可能缩小，以使各个商业中心之间保持最小距离，还需确保更好的采光和空气质量，同时增加生活空间（听起来似乎很矛盾），就只有一个合理的解决方案：增加楼层数量。假设现在准备在一处南北方正的用地上建造一组独立公寓楼，用地尺度大约为 300 英尺 × 750 英尺（约 152.4 米 × 228.6 米），有两种方案可供选择，一种是建设 2、3、5 层的楼座；另一种是建设 10 层的楼座。我们现在将这两种方案在空间利用和采光因素上进行对比，就可以得出以下出人意料的结论：

1. 如果规定统一的楼间最低光线角度（比如 30 度），则可开发建筑面积随着楼层数量的增多而上升。与 2 层楼座相比，10 层楼座方案将带来比前者多 60% 的可开发建筑面积，而且这还是在两者享有同等程度的采光与空气质量的前提下。

2. 如果我们将效能标准改为对建设用地的节省，即在设定统一的楼间最低光线角度的前提下，给各方案分配相同的建筑面积。我们会发现，10 层楼座方案比 2 层楼座方案节省了约 40% 的用地面积——这同样是在两者享有同等程度的采光与空气质量的前提下。

3. 假使我们仅仅将采光和空气质量作为效能的标准，也就是说，既不寻求缩减建设用地规模，也不寻求增加建筑面积，那么我们将会看到，随着开发方案从 2 层楼座变为 10 层楼座，楼间最低光线角度从前者的 30 度降低到后者的 17.5 度。换言之，人们将获得采光、日照与空气质量上的巨大优势，而且还将获得几乎 10 倍于 2 层楼座方案的楼间距，这一切没有任何实施上的困难。楼座之间宝贵的空间将提供停泊车位，楼座的前后立面也可建设底商。

由此可知，现行建筑法规所强加的限高很显然是一种不合理的限制，阻碍了建筑设计的发展。控制每英亩住宅总套数当然是一种必要的保障，但这与建筑高度并无关系。人口过密完全可以通过限制这些住宅的最大楼层面积或者总的建筑体量而得到更加高效的解决。这才是我们的头等要务！如果上文中所介绍的数据可以得到系统性的应用，那么我们将可以改善商业区的采光与通风条件，大规模地拓宽街道（以降低噪音的影响），并极大地释放可开发建筑面积。当人们还在反复争论欧洲城市是否应该建设摩天大楼时，美国城市所展现出的特色已经转移了正反双方的关注点。尽管纽约和芝加哥的摩天大楼群是一团毫无规划的混乱建筑群，但这一事实不能在实质上否定高层办公楼的便利性。要想解决这一乱象，只能通过将建筑密度限制在与城市交通能力相匹配的程度上，并对地产投机行为进行弹压；只不过这些基本的防范措施在美国都遭到了明显的忽视。与之不同的是，欧洲有着巨大的优势，去开启一个属于我们的建筑新纪元，因为我们对建筑事务有着更为切实的理解。我们认为高层建筑形式对欧洲而言已经不可避免，我们必须为此做好万全准备。纽约已经提供了缺乏远见最好的前车之鉴，告诫我们应当避免这样的局面：整个城市从底层到 15 层，全天都要依赖人工照明；数亿美元被投进地铁建设中，却永远不会得到回报，因为这些地铁已经建设得太晚了。最适宜欧洲办公建筑的平均高度只有通过建设实践才能确定，但结构和经济方面的估算结果已经表明，一种 11 层高的模式也许是最优方案。

城市，是社会集体生活的体现，也是社会组织模式的缩影。它给予我们线索，告诉我们导向新建筑勃兴的改革动力源自何方。一场针对现有城市境况的批判性考察正初步为我们揭示这些境况的成因。人们意识到，如同在自然规律下所有老去的机体都将经历各种机能性疾病，我们的城市目前的困境正是源于它以骇人的速度患上了这些疾病，并急需外科手术式的积极治疗。然而，近年来最重要的国际城市规划会议都不过是伴随着无力的耸肩而落幕，因为与会专家们都不得不承认，他们无法获取足够的公众支持去实施那些必要的治疗。我们唯一能做到的，便是意识到在这件事上我们别无选择。一旦造成我们的城市陷入无组织的混乱的病因被确诊，病理特征被揭示出来，我们必将一劳永逸地铲除它们。传播新建筑理念最有利的环境，显然是一个与之相符的思维模式已经渗透其中的环境。因此，我们只能期待在专业知识界人士与怀有公益热忱的人们中间，唤起消灭城市建设中的有害乱象的决心。至于能将这样的决心转化为实际效果的技术手段，我们其实早已掌握。如果城市居民的心态早些成熟，认可这些手段，我们如今或许已经摘取了胜利的果实。

总结而言，为了一个繁荣的现代建筑学派的建立，我们必须成功解决一系列相互间紧密联系的问题。这些问题涵盖了国家规划的主要议题——工农业关系的协调；依照经济与地缘政治原则调整人口分布；城市规划思路的转变，通过乡村与城市区域的穿插布局建立、让住宅区与就业区以及相应的教育、休闲中心之间更加有机的联系，使城市过于紧密的街道肌理得到疏松；而最终，则在于发现建筑的理想形态。新建筑的知识基础现在已经建立。用一个比喻来说，这一基础的各个组成部分已经通过了试验台的测试，接下来的任务就是要在公众中激发一种意识，让公众认识到新建筑本质上的正确性。这一目标的实现便要托付给正在成长的下一代了。

有人宣称，被我称为“新建筑”的运动建立在一种对机械技术自足论（mechanistic technique qua mechanistic technique）的灭绝传统的迷恋之上，它盲目地想要摧毁一切深层次的国家精神，并注定要导向对纯粹物质主义的膜拜。而我要说，任何人，只要他探究了新建筑运动的根源，就绝不会认可这种论断。新建筑运动所寻求的，用以约束主观任意创作的法则，无一例外地源自最全面、最深思熟虑的探索。我曾为这场探索出过力，并为此感到自豪。我还想补充一点：我来自一个普鲁士建筑世家，卡尔·弗里德里希·申克尔（Karl Friedrich Schinkel）的传统是我们的遗产——申克尔与英国人约翰·索恩（John Soane）同时代，同时也是他的“对手”。这一事实本身就让我相信，我关于新建筑角色的认识绝对不可能在任何程度上站在真正“传统”的对立面。“尊重传统”不意味着飘飘然地去容忍那些偶然或出自个人癖好的投机因素，也不意味着接受那些老旧的美学形式的支配。在人类试图借助技术的智性力量而为材料赋予形态，从而触及技术与材料两者背后规律的奋斗史上，曾提炼出无数精华。尊重传统的真实含义从未变过，那就是保存这些精华。

新建筑在伦理上的必然性已经无可辩驳。而这一事实的证据——如果还需要证据的话，就是它已在所有国家的年轻人心中燃起了热情。

图版十一 Plate 11

不同高度的房屋块的矩形建筑工地的发展

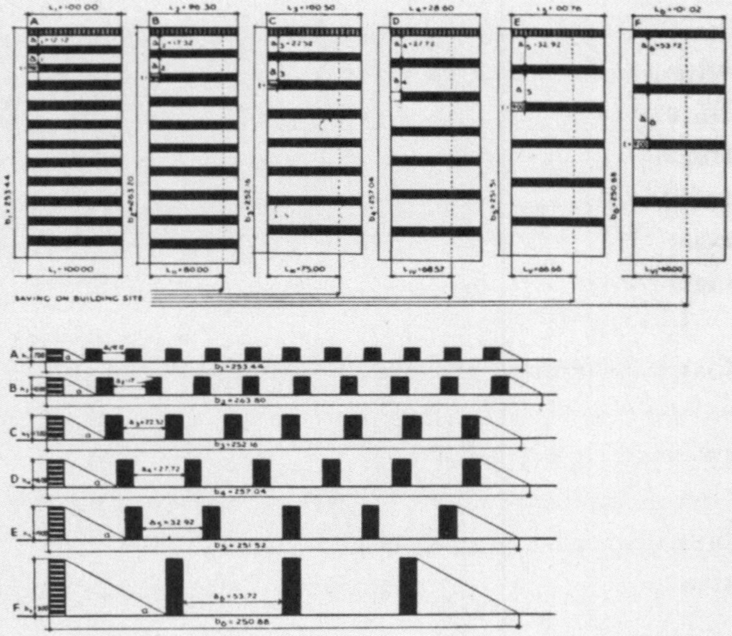

编者注：因原始资料图片较为模糊，请结合下述文字说明浏览。

在上面的两个比较图中，块之间的间隔尽管根据其楼层数（分别为 2、3、4、5、6 和 10）而变化，但在每种情况下都被固定为相同的值（从一个街区的地线到旁边的屋顶护墙的 30 度）。结果：在相同的光线角度下，床的数量（估算每张床——每个居住者占据 45 平方英尺的生活空间）随楼层数的增加而增加；10 个 3 层砌块中的 1200 张床，到 4 个 10 层砌块中的总共 1700 张。

在对页上的两个比较图说明了如何通过不同高度的块（2、3、4、5、6 和 10）在等面积的位置上提供相同数量的居住空间（每人增加 160 平方英尺的空间）。因此，人口密度保持不变。

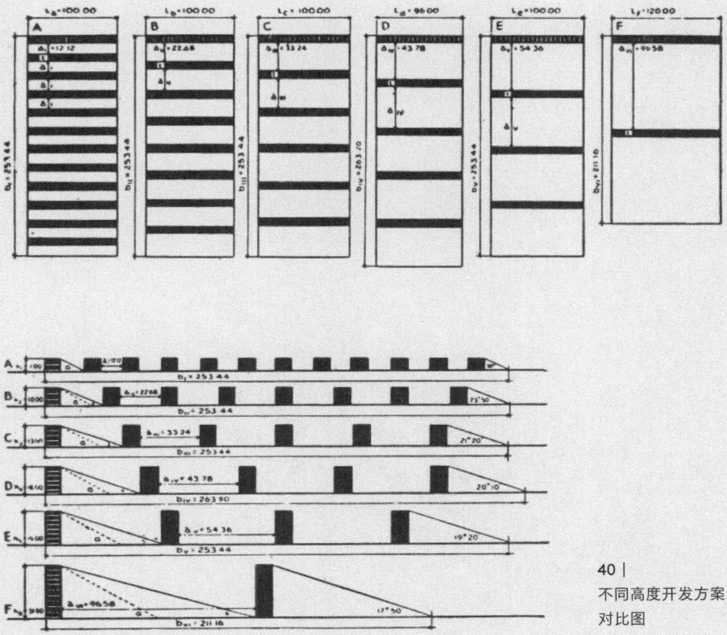

40 |
不同高度开发方案对比图

结果：随着楼层数的增加，砖块之间的光角度减小。因此，较高的街区享有更好的隔离性，并通过为每个居民提供更大比例的绿色开放空间来确保更合理地利用面积。例如，3 层砌块之间的间隔大约是其高度的 2 倍，而 10 层砌块之间的间隔几乎变为 3 倍。每个居民的种植面积的相应比例从前者的约 135 平方英尺增加到后者的约 250 平方英尺。

道德：限制人口密度的现行法规已被废止，因为它限制了建筑物的最大高度。我们需要新的法律，以每英亩建筑用地的最大建筑面积来限制人口密度，但要废除对建筑高度的现有限制。

10 到 12 个分层的住宅可以使“绿色城市”的理想成为现实。

图版十二 Plate 12

哈泽尔霍斯特市住房设计的参赛作品

地址 | 德国柏林
建筑师 | 瓦尔特·格罗皮乌斯
时间 | 1928—1929 年

41 |
设计方案：平面图和等距视图

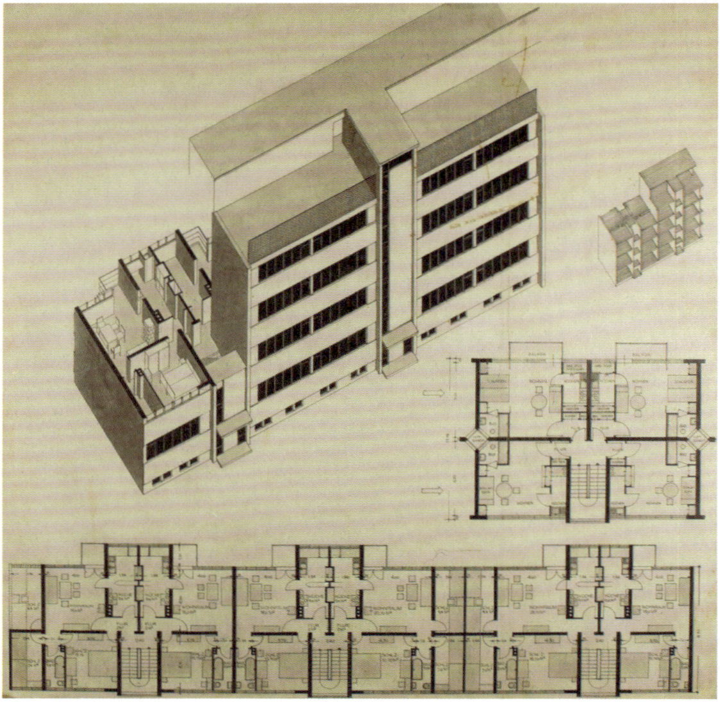

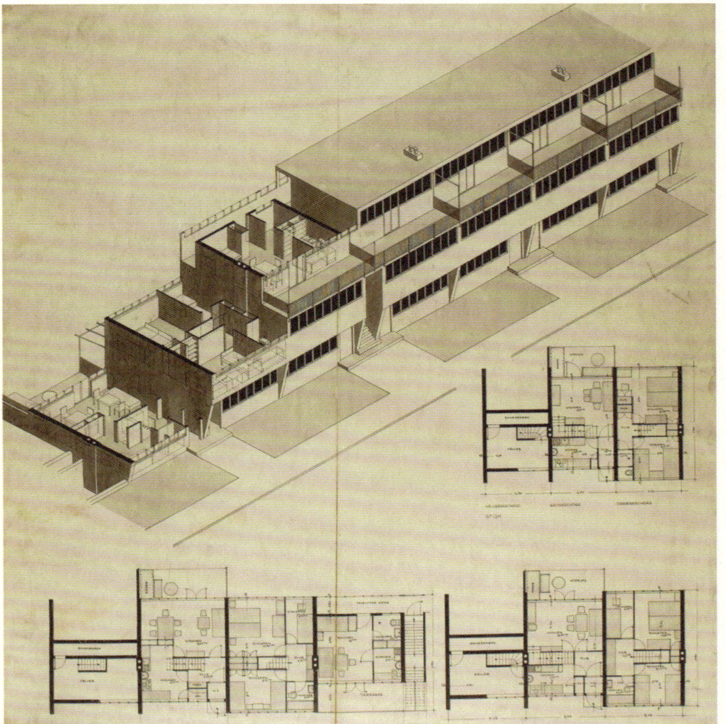

42 |
设计方案：平面图和等距视图

图版十三 Plate 13

十层楼住宅的规划方案

地址 | 德国柏林
建筑师 | 瓦尔特·格罗皮乌斯
时间 | 1929—1930 年

III 瓦尔特·格罗皮乌斯年表 Timeline of Walter Gropius

1883 年 瓦尔特·格罗皮乌斯出生于德国柏林，其父为负责公共建筑的政府公务员，热爱建筑；其母为普鲁士政治家之女。其舅父为有名的建筑师，是大建筑师卡尔·弗里德里希·申克尔的追随者，后者曾与其祖父同住。因此，他自小就接受建筑设计的熏陶。

1903 年 瓦尔特·格罗皮乌斯进入慕尼黑工业大学学习建筑。其住处靠近柏林老绘画博物馆和巴伐利亚国立图书馆。期间他观看了德国、荷兰和意大利各位大师的杰作，接触到印象派画家的作品。

7 月，他为照顾罹患肾病的弟弟返回柏林。

1904 年 在弟弟去世后，瓦尔特·格罗皮乌斯进入了索尔夫与维察兹建筑事务所工作。

15 个月大时，瓦尔特·格罗皮乌斯与父亲的合照 | 1884 年

同年夏天，他申请服役，被征召到汉堡的第十五骑兵纵队。

1905 年 兵役结束后，瓦尔特·格罗皮乌斯进入柏林技术学院学习建筑。尽管他差不多完成了学业，但由于没有参加期末考试而辍学，可见他对传统教育早就心怀不满。

1908 年 瓦尔特·格罗皮乌斯加入彼得·贝伦斯的工作室，与后来名满天下的密斯·凡德罗和勒·柯布西耶共事，参与了 AEG 涡轮机工厂和克虏伯工厂的设计项目。彼得·贝伦斯将现代材料与建筑技术结合，营造出独特的古典氛围，但瓦尔特·格罗皮乌斯对此颇有微词。

1910 年 瓦尔特·格罗皮乌斯与阿道夫·迈耶合伙在柏林创立了设计公司。
与第一任妻子阿尔玛·马勒开始恋爱。

1911 年 瓦尔特·格罗皮乌斯设计了法古斯鞋楦工厂和德意志制造联盟的展厅和行政楼。
父亲老格罗皮乌斯在柏林去世，享年 62 岁。

1914 年 瓦尔特·格罗皮乌斯被征召入伍参加“一战”，在西线担任骑兵军官，被授予铁十字勋章。战

学生时代的瓦尔特·格罗皮乌斯 | 1905 年

争的残酷促使他对左派和革命者抱有同情，并积极参与改造社会的工作。

1915 年　瓦尔特·格罗皮乌斯与阿尔玛·马勒在柏林结婚。但这段婚姻在 1920 年因阿尔玛的婚外恋而告终。两人育有一女玛农·格罗皮乌斯，1916 年在维也纳出生，1935 年去世。20 世纪 50 年代，瓦尔特·格罗皮乌斯为女儿设计了一个优雅的三角形墓碑。

1919 年　瓦尔特·格罗皮乌斯任魏玛大公爵撒克逊工艺学校校长，将其转变为包豪斯学院。他邀请约翰斯·伊顿设计基础课程，促成艺术与技术的结合。他追求“总体艺术”（Gesamtkunstwerk），在包豪斯学院内开设工坊，鼓励学生以实践拓宽设计的应用范围；又邀请康定斯基和莫霍利－纳吉等人以科学的方法教授艺术，讲解形式、色彩等基础知识。

1922 年　瓦尔特·格罗皮乌斯寻求包豪斯向商品化实践的转变，因而与伊顿产生了剧烈的冲突，导致了后者离校。瓦尔特·格罗皮乌斯任命莫霍利－纳吉取代伊顿，担任基础课程的负责人。

1923 年　瓦尔特·格罗皮乌斯与伊泽在 10 月结婚，开启第二段婚姻，直至离世。两人育有一女。

1925 年 德国右翼势力上台。受此影响，包豪斯学院迁至魏玛。瓦尔特·格罗皮乌斯设计了极具现代感和包豪斯精神的新校舍与教师住宅。但包豪斯仍然不可避免地走向财政困难，放大了瓦尔特·格罗皮乌斯和教职工的矛盾。

1928 年 在外部压力和内部缺乏支持的双重打击下，瓦尔特·格罗皮乌斯为保住包豪斯学院而辞任校长一职，汉斯·迈耶成为他的后继者。
离开包豪斯后，他在柏林、卡尔斯鲁厄以及德绍参与了许多大型住房的项目。他尝试通过批量化生产房屋部件和干式装配法兴建低廉的房屋，消除战争期间的住房问题。

1933 年 1 月，瓦尔特·格罗皮乌斯的母亲玛农·沙恩韦贝尔在汉诺威去世，享年 77 岁。
4 月，包豪斯学院被盖世太保强行关闭，结束了 14 年的历史。

1934 年 瓦尔特·格罗皮乌斯经英国建筑师马克斯维尔·弗莱帮助，由意大利流亡到英国汉普斯特德。他加入杰克·普理查德的伊索肯团队进行设计工作。尽管得到欢迎和照顾，但瓦尔特·格

和妻子伊泽·格罗皮乌斯的合照 | 1927 年

罗皮乌斯在英国并不开心，英国人并不青睐他的现代主义建筑。他们更喜爱著名美学家罗杰·弗莱推行的法国主流审美。

1937 年 哈佛大学设计研究院院长约瑟夫·哈德纳特到伦敦造访瓦尔特·格罗皮乌斯，并给他提供了工作机会。瓦尔特·格罗皮乌斯应邀前往美国。瓦尔特·格罗皮乌斯对美国印象良好，刚抵达美国不久，他就兴奋地邀请马塞尔·布劳耶与他会合："这里真是令人心驰神往！我终于逃离了英国人的雾霾和心理折磨，这话可别告诉英国人……这里的人开放、自由，我相信你在这里也会有发挥机会。"

1938 年 瓦尔特·格罗皮乌斯正式成为哈佛大学设计研究院院长。他的同事包括马塞尔·布劳耶、菲利普·约翰逊、本杰明·汤普森、贝聿铭、保罗·鲁道夫、爱德华·巴恩斯等一批美国知名建筑师。

1944 年 瓦尔特·格罗皮乌斯加入建筑师合作组织（TAC），并参与设计了哈佛大学研究生中心（1949—1950 年）、纽约泛美大厦（1963 年）（现大都会人寿大厦）以及约翰·肯尼迪联邦办公大楼（1966 年）。
在美国之外，瓦尔特·格罗皮乌斯主导了雅典

在马萨诸塞州林肯郡的留影 | 1940 年

美国大使馆（1956 年）、伊拉克国立大学（1957 年）、西德罗森塔尔陶瓷厂（1963 年）以及塞尔布和托马斯玻璃厂（1967 年）等项目。

1952 年 瓦尔特·格罗皮乌斯辞任哈佛大学设计研究院院长一职并退休。

1953 年 瓦尔特·格罗皮乌斯在芝加哥的一个演讲中说："我强烈地渴望拥抱生活中每一个重要的部分，而不是因为狭隘和教条主义弃之而去，这是我一生的特征。"

1954 年 瓦尔特·格罗皮乌斯唯一一次前往日本考察，并拜访了桑泽设计研究所。翌年他在《日本的建筑》（1955 年）一文中曾这样表示："当这些房屋和其背后仍然充满活力的文化突然矗立在我面前，您肯定不能想象我受到了多大的冲击。日本人早就解决了许多现代建筑的问题——简约、室内空间和室外空间的关系、模块化、多元表达，并形成了一种形式统一的语言，统领所有独立的元素。"

1959 年 瓦尔特·格罗皮乌斯获美国建筑师学会授予金牌。

1969 年 瓦尔特·格罗皮乌斯在波士顿去世，享年 86 岁。

造访日本的留影 | 1954 年

IV 附录

Appendix

插图索引
Illustration

Photo: ©President and Fellows of Harvard College

8
德意志制造联盟展览馆行政办公楼入口立面／18
BRGA.6.4 Factory and Office Building for Werkbund Exhibition, Cologne, 1914: Office building, front view
建筑师：瓦尔特·格罗皮乌斯、阿道夫·迈耶
现藏于哈佛艺术博物馆，美国
Harvard Art Museums/Busch-Reisinger Museum, Gift of Walter Gropius
Photo: ©President and Fellows of Harvard College

9
翻修中的耶拿市立剧院／22
BRGA.16.1 Renovation of the Municipal Theater, Jena, 1921-1922: Old theater before alteration
建筑师：瓦尔特·格罗皮乌斯、阿道夫·迈耶
现藏于哈佛艺术博物馆，美国
Harvard Art Museums/Busch-Reisinger Museum, Gift of Walter Gropius
Photo: ©President and Fellows of Harvard College

10
翻修后的耶拿市立剧院／23
BRGA.16.9 Renovation of the Municipal Theater, Jena, 1921-1922
建筑师：瓦尔特·格罗皮乌斯、阿道夫·迈耶
现藏于哈佛艺术博物馆，美国
Harvard Art Museums/Busch-Reisinger Museum, Gift of Walter Gropius
Photo: ©President and Fellows of Harvard College

11
格罗皮乌斯宅邸的双层书桌／24
BRGA.21.227 Bauhaus Masters' Housing, Dessau, 1925—1926: Double Desk in Walter Gropius's House
设计师：马塞尔·布劳耶
现藏于哈佛艺术博物馆，美国
Harvard Art Museums/Busch-Reisinger Museum, Gift of Ise Gropius
©Lucia Moholy Estate/Artists Rights Society (ARS), New York/VG Bild-Kunst, Bonn
Photo: ©President and Fellows of Harvard College

12
格罗皮乌斯宅邸的餐厅／25
BRGA.21.237 Bauhaus Masters' Housing, Dessau, 1925—1926: Dining Room of Walter Gropius's House
建筑师：瓦尔特·格罗皮乌斯、阿道夫·迈耶
现藏于哈佛艺术博物馆，美国
Harvard Art Museums/Busch-Reisinger Museum, Gift of Walter Gropius
©Lucia Moholy Estate/Artists Rights Society (ARS), New York/VG Bild-Kunst, Bonn
Photo: ©President and Fellows of Harvard College

13
切斯卡椅子：首款不锈钢家具样品／26
1964. 32. A Cesca Chair
设计师：马塞尔·布劳耶
现藏于哈佛艺术博物馆，美国
Harvard Art Museums/Fogg Museum, Gifts for Special Uses Fund
©Marcel Breuer Estate/Artists Rights Society (ARS), New York/VG Bild-Kunst, Bonn
Photo: ©President and Fellows of Harvard College

14
台灯：玻璃和镀铬金属件／27
Table Lamp, 1923—1924 (glass & chrome-plated metal)
设计师：卡尔·雅各布·贾克、威廉·瓦根费尔德
Photo: ©Vorderdeck, copyrighted free use, via Wikimedia Commons

15
织物设计／27

BR52.27.1-44 Curvo Pattern Upholstery Fabric Samples
设计师：奥蒂·伯格
现藏于哈佛艺术博物馆，美国
Harvard Art Museums/Busch-Reisinger Museum, Gift of Ludwig Hilberseimer

16
包豪斯学院教学楼／32—33
BRGA.20.183 Bauhaus Building, Dessau, 1925-1926: View from southwest
建筑师：瓦尔特·格罗皮乌斯
现藏于哈佛艺术博物馆，美国
Harvard Art Museums/Busch-Reisinger Museum, Gift of Ise Gropius
Photo: ©President and Fellows of Harvard College

17
包豪斯学院学生公寓和工作室大楼／34
BRGA.20.15.1 Bauhaus Building, Dessau, 1925—1926: Studio wing from the southeast
建筑师：瓦尔特·格罗皮乌斯
现藏于哈佛艺术博物馆，美国
Harvard Art Museums/Busch-Reisinger Museum, Gift of Walter Gropius
©Estate of Erich Consemuller
Photo: ©President and Fellows of Harvard College

18
包豪斯学院工坊侧楼一角／35
BRGA.20.346 Bauhaus Building, Dessau, 1925—1926: Workshop building from the west
建筑师：瓦尔特·格罗皮乌斯
现藏于哈佛艺术博物馆，美国
Harvard Art Museums/Busch-Reisinger Museum, Gift of Ise Gropius
©Lucia Moholy Estate/Artists Rights Society (ARS), New York/VG Bild-Kunst, Bonn
Photo: ©President and Fellows of Harvard College

19
格罗皮乌斯的教师住宅／36
BRGA.21.226 Bauhaus Masters' Housing, Dessau, 1925—1926: Walter Gropius's House from the East
建筑师：瓦尔特·格罗皮乌斯
现藏于哈佛艺术博物馆，美国
Harvard Art Museums/Busch-Reisinger Museum, Gift of Ise Gropius
©Lucia Moholy Estate/Artists Rights Society (ARS), New York/VG Bild-Kunst, Bonn
Photo: ©President and Fellows of Harvard College

20
马塞尔·布劳耶的半独立式住宅／37
BRGA.21.68 Bauhaus Masters' Housing, Dessau, 1925—1926
建筑师：瓦尔特·格罗皮乌斯
现藏于哈佛艺术博物馆，美国
Harvard Art Museums/Busch-Reisinger Museum, Gift of Ise Gropius
©Lucia Moholy Estate/Artists Rights Society (ARS), New York/VG Bild-Kunst, Bonn
Photo: ©President and Fellows of Harvard College

21
社区规划图，1:5000／46
BRGA.41.8 Housing Development, Berlin-Siemensstadt, 1929—1930: Site plan, 1:5000
建筑师：瓦尔特·格罗皮乌斯
现藏于哈佛艺术博物馆，美国
Harvard Art Museums/Busch-Reisinger Museum, Gift of Walter Gropius
Photo: ©President and Fellows of Harvard College

22
一组 2.5 居室户型的公寓楼／47
BRGA.41.62 Housing Development, Berlin-Siemensstadt, 1929—1930
建筑师：瓦尔特·格罗皮乌斯

现藏于哈佛艺术博物馆，美国
Harvard Art Museums/Busch-Reisinger Museum, Gift of Ise Gropius
Photo: ©President and Fellows of Harvard College

23
西门子施塔特大型住宅区远景／ 48—49
BRGA.41.29 Housing Development, Berlin-Siemensstadt, 1929—1930
建筑师：瓦尔特·格罗皮乌斯
现藏于哈佛艺术博物馆，美国
Harvard Art Museums/Busch-Reisinger Museum, Gift of Ise Gropius
Photo: ©President and Fellows of Harvard College

24
西门子施塔特大型住宅区街景／ 50—51
BRGA.41.18 Housing Development, Berlin-Siemensstadt, 1929—1930
建筑师：瓦尔特·格罗皮乌斯
现藏于哈佛艺术博物馆，美国
Harvard Art Museums/Busch-Reisinger Museum, Gift of Ise Gropius
Photo: ©President and Fellows of Harvard College

25
西门子施塔特大型住宅区街景／ 53
BRGA.41.12.A Housing Development, Berlin-Siemensstadt, 1929—1930
建筑师：瓦尔特·格罗皮乌斯
现藏于哈佛艺术博物馆，美国
Harvard Art Museums/Busch-Reisinger Museum, Gift of Ise Gropius
Photo: ©President and Fellows of Harvard College

26
托尔滕住宅区 A 型单元立面／ 60
BRGA.22.1 Housing Development, Dessau-Törten, 1926—1928: Building type A, elevation
建筑师：瓦尔特·格罗皮乌斯
现藏于哈佛艺术博物馆，美国
Harvard Art Museums/Busch-Reisinger Museum, Gift of Walter Gropius
Photo: ©President and Fellows of Harvard College

27
托尔滕住宅区 B 型单元立面／ 60
BRGA.22.2 Housing Development, Dessau-Törten, 1926-1928: Building type B, elevation
建筑师：瓦尔特·格罗皮乌斯
现藏于哈佛艺术博物馆，美国
Harvard Art Museums/Busch-Reisinger Museum, Gift of Walter Gropius
Photo: ©President and Fellows of Harvard College

28
托尔滕住宅区墙体与房间配色方案／ 61
BRGA.22.4 Housing Development, Dessau-Törten, 1926-1928: Color scheme for walls and ceilings
建筑师：瓦尔特·格罗皮乌斯
现藏于哈佛艺术博物馆，美国
Harvard Art Museums/Busch-Reisinger Museum, Gift of Walter Gropius
Photo: ©President and Fellows of Harvard College
BRGA.22.5 Housing Development, Dessau-Törten, 1926-1928: Color scheme for walls and ceilings
建筑师：瓦尔特·格罗皮乌斯
现藏于哈佛艺术博物馆，美国
Harvard Art Museums/Busch-Reisinger Museum, Gift of Walter Gropius
© Bauhaus-Archiv Berlin
Photo: © President and Fellows of Harvard College

29
托尔滕住宅区室内配色方案／ 62—63
BRGA.22.3 Housing Development, Dessau-Törten, 1926—1928: Interior color scheme, isometric

建筑师：瓦尔特·格罗皮乌斯
现藏于哈佛艺术博物馆，美国
Harvard Art Museums/Busch-Reisinger Museum, Gift of Walter Gropius
Photo: ©President and Fellows of Harvard College

30
托尔滕工人住宅区与合作社（近景）／64—65
BRGA.22.96 Housing Development, Dessau-Törten, 1926—1928
建筑师：瓦尔特·格罗皮乌斯
现藏于哈佛艺术博物馆，美国
Harvard Art Museums/Busch-Reisinger Museum, Gift of Ise Gropius
Photo: ©President and Fellows of Harvard College

31
托尔滕住宅区全景／66—67
BRGA.22.15.2 Housing Development, Dessau-Törten, 1926—1928: Overall view
建筑师：瓦尔特·格罗皮乌斯
现藏于哈佛艺术博物馆，美国
Harvard Art Museums/Busch-Reisinger Museum, Gift of Ise Gropius
Photo: ©President and Fellows of Harvard College

32
市立劳务中心平面设计图／68
BRGA.27.47 Municipal Employment Office, Dessau, 1927—1929
建筑师：瓦尔特·格罗皮乌斯
现藏于哈佛艺术博物馆，美国
Harvard Art Museums/Busch-Reisinger Museum, Gift of Ise Gropius
Photo: ©President and Fellows of Harvard College

33
市立劳务中心入口／69
BRGA.27.22 Municipal Employment Office, Dessau, 1927—1929

建筑师：瓦尔特·格罗皮乌斯
现藏于哈佛艺术博物馆，美国
Harvard Art Museums/Busch-Reisinger Museum, Gift of Ise Gropius
Photo: ©President and Fellows of Harvard College

34
市立劳务中心内景／70
BRGA.27.28 Municipal Employment Office, Dessau, 1927—1929
建筑师：瓦尔特·格罗皮乌斯
现藏于哈佛艺术博物馆，美国
Harvard Art Museums/Busch-Reisinger Museum, Gift of Ise Gropius
Photo: ©President and Fellows of Harvard College

35
市立劳务中心施工期间影像（负片）／71
BRGA.27.16.A Municipal Employment Office, Dessau, 1927—1929: Photograph during construction
建筑师：瓦尔特·格罗皮乌斯
现藏于哈佛艺术博物馆，美国
Harvard Art Museums/Busch-Reisinger Museum, Gift of Ise Gropius
Photo: ©President and Fellows of Harvard College

36
预制式铜板屋设计图，1:20／72
BRGA.57.112 Prefabricated Copper Houses, 1931—1932: Building type S: east elevation, 1:20
建筑师：瓦尔特·格罗皮乌斯
现藏于哈佛艺术博物馆，美国
Harvard Art Museums/Busch-Reisinger Museum, Gift of Ise Gropius
Photo: ©President and Fellows of Harvard College

37
一组完整的三室两厅房屋装载在一辆货运拖车上，准备运送至工地／73

BRGA.57.274 Prefabricated Copper Houses, 1931—1932
建筑师：瓦尔特·格罗皮乌斯
现藏于哈佛艺术博物馆，美国
Harvard Art Museums/Busch-Reisinger Museum, Gift of Ise Gropius
Photo: ©President and Fellows of Harvard College

38
干式装配墙板／74
BRGA.57.249.B Prefabricated Copper Houses, 1931-1932: Construction
建筑师：瓦尔特·格罗皮乌斯
现藏于哈佛艺术博物馆，美国
Harvard Art Museums/Busch-Reisinger Museum, Gift of Ise Gropius
Photo: ©President and Fellows of Harvard College

39
组装完工的房屋／75
BRGA.57.268 Prefabricated Copper Houses, 1931—1932
建筑师：瓦尔特·格罗皮乌斯
现藏于哈佛艺术博物馆，美国
Harvard Art Museums/Busch-Reisinger Museum, Gift of Ise Gropius
Photo: ©President and Fellows of Harvard College

40
不同高度开发方案对比图／90—91
Diagrams illustrating the Development of a Rectangular Building-Site with Parallel Rows of Tenement-Blocks of Different 1-leights
建筑师：瓦尔特·格罗皮乌斯
三度重制

41
设计方案：平面图和等距视图／92
BRGA.37.8 Competition Entry for Model Housing Development, Berlin-Spandau-Haselhorst, 1928—1929: Scheme A: isometrics and floor plans
建筑师：瓦尔特·格罗皮乌斯
现藏于哈佛艺术博物馆，美国
Harvard Art Museums/Busch-Reisinger Museum, Gift of Walter Gropius
Photo: ©President and Fellows of Harvard College

42
设计方案：平面图和等距视图／93
BRGA.37.5 Competition Entry for Model Housing Development, Berlin-Spandau-Haselhorst, 1928—1929: Scheme A: plans and isometric
建筑师：瓦尔特·格罗皮乌斯
现藏于哈佛艺术博物馆，美国
Harvard Art Museums/Busch-Reisinger Museum, Gift of Walter Gropius
Photo: ©President and Fellows of Harvard College

43
规划有宽广的楼间距／94—95
BRGA.44.27 High-Rise Steel Frame Apartment Building, 1929—1930: Perspective
建筑师：瓦尔特·格罗皮乌斯
现藏于哈佛艺术博物馆，美国
Harvard Art Museums/Busch-Reisinger Museum, Gift of Walter Gropius
Photo: ©President and Fellows of Harvard College

44
钢结构高层公寓楼／96—97
BRGA.44.49 High-Rise Steel Frame Apartment Building, 1929—1930
建筑师：瓦尔特·格罗皮乌斯
现藏于哈佛艺术博物馆，美国
Harvard Art Museums/Busch-Reisinger Museum, Gift of Walter Gropius
Photo: ©President and Fellows of Harvard College

致谢
Acknowledgments

我们在此特别感谢哈佛艺术博物馆提供了本书的大部分作品图片和瓦尔特·格罗皮乌斯的生平照片，并允许我们无偿使用，对原作图片进行更换和补充，让我们重新发现格罗皮乌斯惊人的前瞻性和洞察力，并重组他的个人生平。

此外，开姆尼茨美术馆也提供了包豪斯学院卓越的产品设计图片。

最后还要感谢本书的设计师，重新绘制了原书的 4 张配图，令本书呈现了最好的品质。

以下名单，按英文首字母排列。

美国艺术家权利协会
Artists Rights Society

德国普鲁士文化遗产
图画档案馆
bpk-Bildagentur

美国哈佛艺术博物馆
Harvard Art Museums

德国开姆尼茨美术馆
Kunstsammlungen Chemnitz

Vorderdeck